# 美しい日本の川と防災

株式会社水文環境 代表取締役
理学博士・技術士（建設部門）
木下武雄
Takeo Kinosita

SOGO HOREI PUBLISHING CO., LTD

# 序

青柳のはらろ川門に汝を待つと
　せみどは汲まず立ちどならすも（万葉集東歌３５４６）

母親に「川へ行って水を汲んで来なさい」と言われた娘は、桶を持っていそいそと川ふちへ行きます。そこは柳の若芽がはっているが、人の目は張っていない。この時刻だといつも彼が通るはずだ。それを待って、水は汲まないで、立って足ぶみしていると、地面を平らにしてしまいました。

川ふちは生活と密着した美しい恋をはぐくんでくれる場です。私たち日本民族は、こうやって連綿とつながってきました。しかし、時として川は恐ろしい形相を見せます。洪水です。美しい生活の場と荒々しい洪水とをどのように折り合いをつけるのか、本書で考えます。

# 目次

目 次

# 第一章

# 美しい日本の川

## ——日本の白い川

私たちが住む日本は、年間降水量が世界平均の約2倍という雨の多い国です。さらに日本のほとんどの地域は温暖湿潤気候区に属し、比較的温暖です。そのため、植物が繁茂しやすく、水草はもちろん、水辺にはしだれ柳などの樹木も生えやすいのです。

序章で触れた「青柳の下で彼を待つ乙女心」とは、どんな心持ちでしょうか。

雨が多い日本ですが、1年の中でも地域や季節によってその降水量は変わります。いわゆる梅雨期と台風が集中する季節である春から秋にかけての降水量はグンと増します。

特に夏ともなると雷雨や台風で大雨が降り、その短い時間だけ川は増水し、水が濁ります。ただ、雨量にもよりますが、たとえ水が濁っても数時間から数日で川は清い水に戻り、草木を押し流した後の川周辺には「白い河原」が現れます。

日本の山々は石英系の岩石（花崗岩など）が多く、実は、その山々の下流となる川には「白川」と名付けられた場所が各地にあるのをご存知でしょうか。

京都の東山は花崗岩の山で、そこから流れる川に白川があります。平安~鎌倉時代の有名な後白河法皇の御名もここに由来するのでしょう。緑の山と白い河原、透き通った川の水、これが日本の風景であり、「日本の川」だと私は思います。

日本にはたくさんの白川が各地にあります。『日本分県大地図』（平凡社）の索引によれば、日本には33の白川という地名があります。

## 川の泥

大雨で、ときに多くの被害をもたらす出水（しゅっすい）（川の氾濫）ですが、この出水中の濁った水の成分である「泥」は決して意味のないものではありません。

日本の豊かな森林で樹木は根を張り、葉を広げます。それらはやがて枯れ落ち、地表では微生物の作用で腐敗して泥になります。その泥の中には、岩石が砕かれて結晶ほどのスケールになった砂も混ざっています。それらはいわゆるミネラルと呼ばれる無機質の栄養分として泥に含まれ、雨により山から川に流れ込んでいくわけです。

ヨーロッパ北部やアメリカ北部は最終氷期以降に植生ができたので、泥でできている土壌は薄く、植生も日本ほどバラエティに富んでいるわけではありません。極論すれば日本の美しい山野は、栄養豊かな泥を作り、また泥が豊かな山林を支え、美しい国土を作っていると言えるのです。

出水の泥水は、比較的早く清い水に戻ります。では泥はどこへ行ったのか？　川から溢れた場合は、川周辺に堆積します。

長野県と新潟県を流れる信濃川での話ですが、昔、河川敷に泥が出水で少しずつ堆積したので、川の周囲はよい果樹園になると言われていたとか。

この泥は、上流の森林などから流出してきた有機成分の多い肥料であるということを私たちは忘れてはならないのです。

以前、発展途上国から視察に来日した土木技術者に「日本では堤防によって氾濫を防ぐ」と言ったところ、直ちに「畑の肥料はどうするのだ？」と質問されました。その技術者は出水の泥こそ無農薬の有機肥料と知っていたのです。

現代の日本人は、出水の泥の恩恵を忘れ、泥が農地へ入ることを許しません。では、泥をどこへ流すのか。答えは海です。海のほうへ流すのです。すると、河口部や浅海に泥が溜まります。泥が堆積すると、やがて平地になっていきます。

信濃川の大河津分水（おおこうづぶんすい）という放水路の河口にある寺泊という港町付近では、分水ができて約１００年の間に、泥だけではありませんが、広い土地が生まれました。埼玉から東京にかけての東部低地（草加市や越谷市、江戸川区、葛飾区など）も利根川や荒川の泥によってできた土地です。

泥や砂は洪水で流されて、地面にほぼ水平に堆積します。今は想像できませんが、東部低地は、釧路湿原に似た水草など緑豊かな湿地でした。このような土地は、人間による干拓により農業用地としての利用度が高く、考え及ばないかもしれませんが、住む人は大昔の洪水の濁水に感謝すべきなのです。

また、濁水として山から海へ流れ下ってきた有機物やミネラルは、海水中のプランクトンなどの微生物の餌になり、それが小魚に食べられ、小魚は中魚、そして大魚に食べられてと、多くの魚が集う豊かな漁場を河口につくるのです。

洪水の濁水の泥こそが平野をつくり、産業を発達させ集落や町をつくり、海へ流れこんで水産物の育成を助けているのです。

## ――山は低くなる一方か？

川（雨）が上流から土砂を流していけば、山は低くなってしまうのではないか？　そうです。雨水の浸食作用で山は低くなります。岩手県の北上山地は、雨で大いに削られつつあると言われています。

では、地球誕生から約45億年といわれる長い年月をかけて山が浸食されていったら、現在の地形はすべて平らなはずです。しかし、現実の姿として高い山がありますね。ここで山がどのように作られるのかお伝えしようと思います。山が作られる地球的な働きとして、①火山作用、②造山運動があります。

### ①火山作用

火山作用は、よく知られているように地下深部からマグマという溶けた岩石が吹き出してくる過程で山がつくられる働きのことです。火山の原因となるマグマは、主として地球表面を構成するプレートの境界でプレートが押し合って沈み込むところで発生します。

マグマが噴出し始めた火山の出来始めは、鉄分が多く石英分が少ない黒い溶岩で覆われています。火口からサラサラと流れ出すような溶岩です。最近では伊豆大島の三原山のカルデラで、その冷えた溶岩を見ることができます。このように溶岩は冷えれば固まりますが、通常は平たく広がるので、溶岩台地や楯状火山を作ります。溶岩は、火口から噴出すると含んでいる気体成分が抜け、多孔質（細かい穴が空いている）の岩になります。雨が降ると、水がよく浸透します。岩石としては玄武岩と呼ばれる、黒い岩石です。

何回か噴火を重ねると、火口から吹き出す溶岩が変わります。玄武岩質が減少し、石英分が増え粘性の増した、つまりネバネバした溶岩に変わります。このころは爆発的な噴火が増えます。この粘性の増した溶岩は、冷えると玄武岩より酸性の安山岩と呼ばれる岩石になります。ちなみに富士山は、玄武岩から安山岩へ移りつつある山です。このタイプの火山―富士山を例にすると、富士山西側の大沢崩れ以外に渓流はありませんし、大沢崩れも平常は水が流れていません。そのため、大沢崩れは山肌に樹木が生えていません。その代わりに、三島の湧水、柿田川湧水、富士宮の白糸の滝など清冽な湧水に恵まれています。

富士山の北の浅間山は、ほぼ安山岩になった山です。浅間山北斜面の鬼押出しは、1783（天明3）年の噴火でできた溶岩むき出し地帯。ここに多数転がっている安山岩は、

関東ローム層　富士・箱根の噴出物
(東京都大田区馬込)

塊状で割れ目が多く、雨水がよく浸透します。

浅間山の鬼押出しでは、噴火直後は動物も植物も死滅し、荒涼とした原野だったはずです。しかし、時間とともに地衣類が育ち、草も生え、今は灌木(かんぼく)も目につくようになりました。安山岩質の火山は、大規模な噴火や降灰をもたらします。JR京浜東北線より西のさいたま市や、東京西部、横浜の台地は富士・箱根の噴火によるローム層でできた地形です。噴火直後は樹木が全部枯れ、砂漠化すると言われていますが、植生の回復が早いのです。例えば、火山灰で葉が全滅しても、もともと火山灰土壌に育っている植物なので、容易に芽を吹き直すのです。

地下のマグマがさらに酸性化すると、粘性のさらに強い溶岩となって噴出されます。そのような火山は、北海道の昭和新山のように甲状の山になります。近寄れば危険ですが、爆発的な噴火はありません。むくむくと盛り上がった山からは、有毒ガスなどが出ることはありますが、広域に環境に悪影響を与えるものではなくなります。

### ②造山運動

造山運動とは、地盤の隆起によって山がつくられる働きのことです。

地球上の大陸や海洋は、地球の表面を覆うプレート（厚さ約100キロメートルの岩盤）の上に乗っています。いくつかに分かれているそのプレートが押し合ったりすると、そこが沈み込んで窪んだり、逆に隆起したりするわけです。これは1960年代から地質学などで言われ始めたプレートテクトニクス理論と言うのですが、日本のそばでは、北西からユーラシアプレート、東から北米プレート、南からフィリピン海プレートが押してきていて、日本列島や近くの海域で地盤の沈降、隆起をさせているのです。日本に地震が多いことも、これが原因と言われています。

ちなみに、このプレートに乗って動いてできたのが、今のインド大陸と言われています。三角形をしているインド大陸ですが、今あるところにはもともとインド大陸はなく、南の海から大きな三角形の島がプレートに乗って動いてきて、ユーラシア大陸にぶつかったのです。今でもここはグイグイと北上を続けていて、その力が地面を起こし、高さ8000メートルを越えるヒマラヤ山脈を隆起させていると言われています。現在もエベレストは毎年標高が上がっているのです。

日本でも、実は伊豆半島のもととなった島がフィリピンの東方より北上して来て、本州にぶつかり箱根の山々、富士山などの火山を作ったと言われています。

また、富士山の次に高い白根北岳（標高3193メートル）、その他、日本アルプスと呼ばれている飛騨山脈（長野・岐阜両県の境─北アルプス・一部に火山）、木曽山脈（長野・岐阜・愛知の3県にまたがる─中央アルプス）、赤石山脈（長野・山梨・静岡の3県にまたがる─南アルプス）には3000メートルを越える山々がかたまって存在し、土地が隆起して山になったことが、地質学の研究で明らかになっています。

日本アルプスより北東から北、関東地方北部、東北地方、北海道地方へ向けてと、日本アルプスより西の近畿地方、中国・四国地方、九州地方へ向けては、山の峰は徐々に低くなっています。低くなるといっても、北端の北海道・大雪山は標高２２９０メートル、西端の九州・屋久島の宮之浦岳は標高１９３６メートルの堂々たる山容を誇る山々です。

私は、数年前の５月に成田空港からドイツへ飛んだことがあるのですが、そのとき眼下に白雪に輝く大地として見えたのは、尾瀬の燧岳（ひうちだけ）だけでした。そのまま飛んで、北極圏をかすめて見下ろしたシベリアの大地も、湖が豊富なフィンランドも残雪はありませんでした。日本は狭い国土ながら、そこに堂々たる高山が並び、冬から早春にかけて白銀に輝き、いずれにも、近寄って美しさを鑑賞できるという好ましい自然環境であります。故郷の川を頭に描きながら、話を進めましょう。

## ―― 雨と川と地形

「山に降った雨（雨水）が谷に集まり、川となって流れを作るのだ」と日本で言うと、「今さら何で？」と笑われますが、少し前まで、ヨーロッパでは雨と川との関連についてあまり認識がなかったそうです。

ドイツのライン川の水位予測の式で上流の雨量（複数地点）のうちの一か所に掛けられる係数がマイナスであったのを見たことがあります。雨が降るとライン川の水位が下がるということなのです。

ドイツの水文（すいもん）研究所の研究員にこれを質問したところ、「コンピュータがこのように計算した」とあまり気にした様子ではありませんでした。これは降雨の周期性と河川水位の周期性が逆位相となることがあるので、説明がつかないわけではありませんが、日本人のように「雨→川の水かさが増す」という条件反射に似た感覚が、ヨーロッパ人にはあまりないようです。

それは地形、川の勾配、流域の広さなどが日本とヨーロッパとは著しく相違するからでしょう。

## 日本の川は滝か

明治の初年にオランダから技術指導に来日した河川技術者が、日本の川を見て「これは川ではなく滝だ」と言ったという逸話が残っています。

日本には、美しいひだを形成している山々があり、その山岳斜面があります。山々の標高2000〜2500メートル以下は緑に覆われていますが、そのひだの谷は渓谷で、滝と言ってもよいような勾配で音を立てて水が流れています。その渓流は、いくつかが集まって徐々に太い川となり、やがて利根川や筑後川、吉野川や淀川などと呼ばれる平野の大河川になります。

まず、この渓流は誰が作ったのか？　雨ですね。斜面を崩壊させ、深い谷を作りました。緑の植生は誰が作ったのか？　雨です。大河川の流れる緑の平野（今はどこも都市化が進んでいますが）は誰が作ったのか？　雨です。雨が、山で崩壊させた土砂を平野に撒いたのです。この過程は何万年のオーダーで行われてきたと言えます。

以前、イランから来日した友人と郊外を車で走っていました。雨が降っていて、私はそのときいささか憂鬱でした。しかし、車窓から緑の木々を眺めて友人は目を輝かせ、「雨だ、地面は緑だ！」と叫びました。

日本人はあまりにも見慣れている雨模様、川の濁りです。ただ、その雨によって、泥水で平野ができ、緑の山が広がり、植物がよく育つわけです。そうしたことを友人の叫びから、気づかされました。

勤勉なる農民の活動と相まって、雨のおかげで農業も高い生産性を維持できます。雨は大いに天の恵みであるといえるのです。

# 第二章　天の恵みとしての雨

## 豪雨災害

前章の冒頭で、日本は雨が多く、また比較的温暖なため植物が繁茂しやすいと述べました。日本の春は、眩しいばかりの新緑が吹き出し、夏は強い日差しを受けて木々はエネルギーにあふれます。秋には気温の低下とともに錦秋（きんしゅう）といえる装いを見せてくれます。冬になると、雪国では木々に雪が降り、辺り一面が白銀に覆われます。また晴れた日には、静かな日差しが注がれます。

雨や気温の変化でさまざまな風景を見せてくれる日本の四季。その四季を演出してくれる植物や生物に必要な雨ですが、日本が恵まれているその豊富な雨・降水量は、ときに裏目に出ることがあります。

最近では、２０１８年７月初旬の西日本を中心にした豪雨災害のようなことに目を向けなければなりません。このときは、台風７号が南方洋上より北上し、九州の西をかすめて対馬から日本海へ入り北東へ進み、もともと西日本に停滞していた梅雨前線を刺激し強化したため、広島県、岡山県、愛媛県など西日本の広い範囲で数十年に一度という記録的な豪雨（気象庁の予報文から）を降らせました。そして、広島の太田川、岡山の高梁川（たかはしがわ）、愛媛の肱川（ひじかわ）流域および付近の河川で氾濫が発生し、２００人を超える方が亡くなる被害をもたらしました。

## ――急がずばぬれざらましを旅人の

一般に、雨は降ったり止んだりします。雨をもたらす雨雲自体は、著しく大きなものではありません。ただ、それが群をなして発生すると長雨や大雨になります。またその移動や消長も実は速いものです。

急がずばぬれざらましを旅人の後よりはるる野路のむらさめ

室町時代の武将、太田道灌（おおたどうかん）が残した句と言われていますが、人の心を詠んだ古歌ですね。別の見方をすれば、雨の実態を詠んでいるとも思われます。

飛行機に乗ったときに窓から見ていると、雲は、水平に広がる平面状の雲と塊状に鉛直に立つ雲とがあることがわかります。私が乗るような旅客機からでは、雨雲の発達速度などは測定できませんが、その概形から、湧き上がっているような雲、安定して存在してい

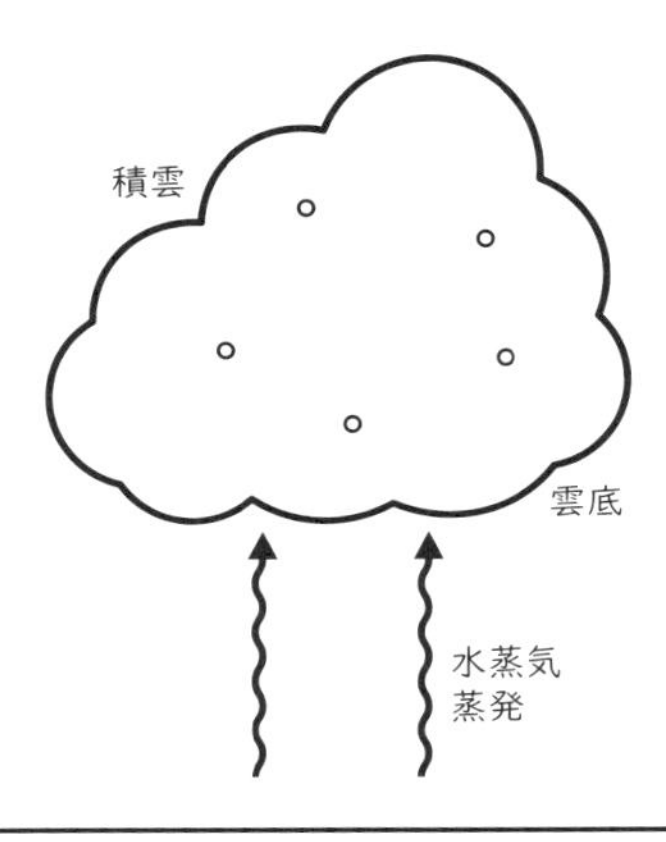


**雲ができる**
水蒸気が地面、水面より蒸発して上空で冷やされ水滴ができる。
雲ができる。まだ雨は降らない。

る雲などはわかります。鉛直に立つ雲の中へ飛行機が突入すれば、上下の揺れを激しく受けます。しかし、あまり長時間揺れが続くことは稀です。そのような雲は乱れが激しく、雨の形成が激しいと推量されます。このような場合、地上では「一天にわかにかき曇り」、真っ暗になって大粒の雨が降ってきます。

雨の降り方はいろいろありますが、大きく二つに分けますと、

①シトシト降る。持続性がある。↓水平に発達する雲から。川の水位は急には上がらない。

②ドサッと降る。持続しない。↓鉛直に

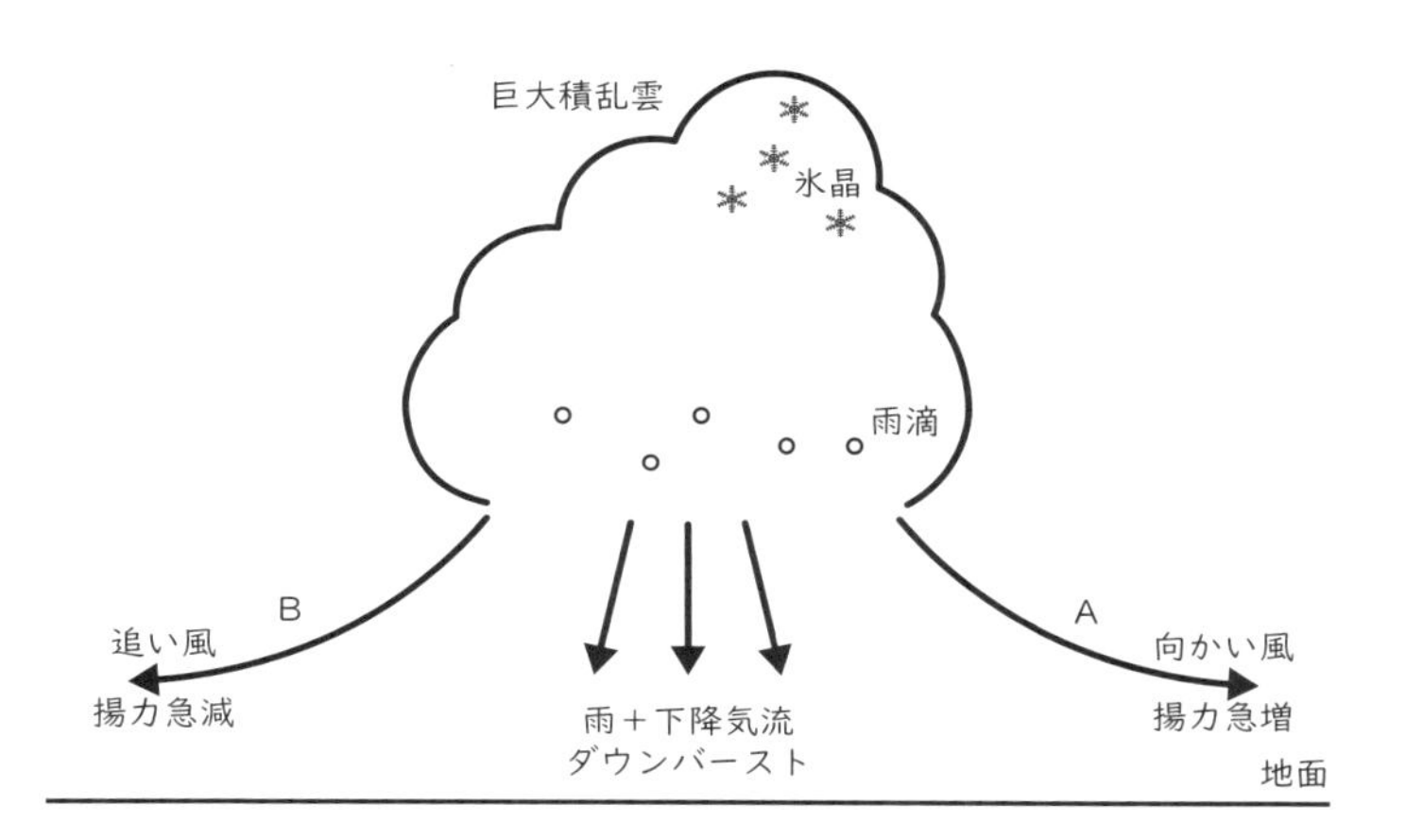


**ダウンバースト**
着陸中の飛行機にとってAでは向かい風で揚力急増→オーバーランの危険を感じる。
Bでは追い風で揚力急減→地面に激突の可能性

発達する雲から。川の水位は急に上がる。

この2種の雨の表現は極端です。

両方とも、大気中の水蒸気が台風や低気圧の風に乗って集まり上昇し、温度が下がると、大気中で含みうる水蒸気の限界（それを「飽和水蒸気圧」と言います）をオーバーして、含まれている水蒸気が小さい水滴に変わります。それが集まって大きな水滴になり、雨として落下してくるのです。

水平に広がる雲では、その過程はゆっくり進行するのでシトシト雨になります。

一方、雨がドサッと降る鉛直に発達する雲では、急激に水蒸気が集まり、上昇するエネルギーが発生し、水蒸気を含む空気がさらに上昇します。外観上は、いわゆる積乱雲になります。その下は日射が遮られて真っ暗になります。群馬県の赤城山レーダー雨量計で測った例では、1万4000メートルぐらいに伸び上った積乱雲も観測されています。

こうしてできた雨滴は、強い上昇気流に支えられて急増しますが、多くの大きい水滴が雲の中に含まれると、重さに耐えられなくなり一気に落下します。それも周りの空気を引きずって一気に落下するため、強い下降気流が発生します。すると上空から吹いてきた強い下降気流（強風）は地面に当たって四方へ広がります。これが災害をも引き起こすダウンバーストという強い下降気流現象です。

ダウンバーストが空港近くで発生すると大変です。着陸姿勢に入った航空機は、始め、地面に広がる向かい風を受けて揚力が増して下降しにくくなります。やがて追い風域へ入ると、急に揚力を失い地面に向かって押されて墜落しやすくなるのです。積乱雲や竜巻が多いアメリカ・オクラホマ州の空港で起きた墜落事故は有名です。ただ、このような積乱雲、雨雲の寿命は、わずか1時間程度だそうです。

先に紹介した太田道灌の句では、秋の夕暮れに、あまり強くない雨雲が短い寿命を終えたのが、野路のむらさめ（村雨）だったのかも知れません。

ダウンバーストにより周囲の大気が押し上げられ、別の積乱雲が成長することもあり、そうなると連鎖的に積乱雲が成長し、大雨になると言われています。

気温が高くなるほど飽和水蒸気圧は高くなるので、冬より夏の方が大量の水蒸気をもって来ることになります。そのため、日本の多くの地域では、気温の高い夏が大雨のシーズンです。ヨーロッパでは冬場に大西洋から低気圧が来るので、冬が洪水期です。

## 雨の降り方

いわゆる雨雲といわれる雲の大きさはさまざまです。小さな雨雲は水平スケールが10キロメートル×10キロメートル程度です。この程度の大きさの雨雲をとらえるためには後に述べる雨量計の配置条件を考えねばなりません。

また、雨雲の塊は広域におよぶものもありますし、狭域でも、一列に並んで、その並んでいる方向に続々とやってくる積乱雲もあります。この帯状に連なった積乱雲（雨雲）を

「線状降雨帯」と呼び、動きによってはある地点の上空を帯状の雨雲がずっと通過することになり、強い雨がその地点に降り続き大水害を起こします。実はここ数年、この例をよく見かけます。２０１５年９月10日の栃木県・鬼怒川の常総水害はこの例です。

台風の大雨も多数の積乱雲が渦状に並んで全体が押し寄せてくるものです。古い気象学のテキストには、台風の大雨は「断続的」と書いてあります。積乱雲群が渦状に動き、そこに隙間があることを示しています。これは降雨流出解析の折に流出率の推算（第三章で説明）に有用な知識です。

最近、時間雨量で１００ミリになるような大雨がしばしば報じられます。気候の温暖化による災害リスクの増大ではないかと話題になります。

テレビで「レーダー観測によれば」と伝えている場合には、これまでの雨量のとらえ方との相違に注目してください。雨量とは地上に達してこそ「雨量」なので、レーダー観測の雨量はこれまでの雨量とは定義が違います。レーダーでとらえているのは、まだ空中に浮いている雨滴なのです。雨滴はその真下にまっすぐ落ちるとは限らず、他所へ吹き飛ばされることが多いのです。群馬県では、前橋の雨は渋川から降ると言う人もいるくらいです。前橋と渋川は約20キロメートル離れています。また、雨滴は落下の途中で蒸発してしまうかもしれません。雨雲から垂れ下がった雨足が途中で消えている例はよくあります。しかし、レーダーで早めに大雨が感知されるのは有難い限りですね。

## 雨の生成

湿った風が山に当たると斜面にそって大気は上昇します。上昇するに従って、気温は下がります。山に登れば、麓より山頂の方が涼しい（寒い）と体感できますね。その気温の下がり方は日射や気温、湿度によって異なりますが、１００メートル鉛直に上昇すると約０・６度下がります。

山の斜面だけでなく、低気圧や台風で風が集まってきて上昇気流となる場合、不連続面（寒気と暖気がぶつかり合った面で、寒冷前線、温暖前線などと呼ばれる）で山地斜面と同様に風が上昇する場合などは、気温が下がって、飽和水蒸気圧を越える水蒸気圧になると、水蒸気は水になります。いわゆる結露です。正式には凝結（ぎょうけつ）と言います。

「飽和水蒸気圧」と言われている限界の値は平面の水面に対するものであって、大気中で雨滴になってもそれが丸いために、平面に対する飽和水蒸気圧より高くなければ蒸発して消えてしまいます。つまり、凝結して球状の雨滴にはなりにくいということです。

ではなぜ雨雲ができるのか?

①氷の場合は平面の氷結に対する飽和水蒸気圧と氷晶に対する飽和水蒸気圧の差が小さいので、０度以下では水の場合より雪（氷晶）ができやすいことがある。

②①に加え核の存在。この核とは恐ろしい原子炉爆発の核ではなく、何か小さな粒という意味で、砂漠から吹き上げたチリとか、海から舞い上がった海水粒子が空中で乾いてできた海の塩の粒などのことです。

沃化銀（AgI）はその結晶構造が氷に似ています。０度以下の湿った空気で核がないから氷晶ができないというだけの環境なら、飛行機などで沃化銀を散布すれば、それに水蒸気が付着して、氷晶（雪）に成長し、雨となって落下してくるのではないかという科学的雨乞い方法があります。これを人工降雨と言います。

## ――人工降雨

沃化銀は常温では黄色い固体ですが、加熱していったん沃化銀蒸気を作り、大気中で冷却し微粉末にして大気中に散布するのです。

具体的な方法はいろいろあります。実験室的には寒剤で冷やした箱の中に湿気を吹き込み、微粉末になった沃化銀を少々散布すると、たちまち氷晶が発生し、ライトを当てるとキラキラ輝いて落下します。

野外では、次のような実験を行ない、筆者もお手伝いをしました。場所は埼玉県川越市。季節は夏休み中です。

川越の西郊で、朝からしばらく雲の動きを見ていて、思わしい積雲のやや風上側へまわります。黒色火薬の粉末に沃化銀の粉末をまぜたものを、風船にぶら下げ、点火して、風船を放ちます。黒色火薬が燃え（爆発はしません）、沃化銀の結晶の微粉末が積雲の周辺に散布されると、積雲が積乱雲となり大雨になるはずです。ところが、お目あての積雲が空しく消えてしまったり、逆に、沃化銀をまく前に大雷雨となったりして、風船用の水素や黒色火薬に落雷すれば大変なことになるという肌寒さを通り越した真夏の恐怖もありました。

次は、国連の台風委員会の場での話です。

台風に沃化銀を散布すれば雨が降って、台風のエネルギーバランスが崩れて、台風が他の国、または他の地域へ行ってしまうので、「安全になる」とアメリカの気象研究者が台風委員会参加国の領域で実験したいと言い出しました。

日本の外交・科学技術、特に気象関係者も安全になるなら結構ではないかという態度でした。韓国・フィリピンなどの気象庁長官も賛成でした。しかし、筆者一人が反対して止めさせました。

「沃化銀の撒布の有効性の評価が十分でない。ハリケーン領域で科学的成果を上げてから台風領域でやりたければやれ」と言ったのです。アメリカの研究者はハリケーンの数が少ないので、台風地域でやりたいなどと、ぐずぐず言っていました。

その後、我が国の災害対策基本法にそれらしき文言が挿入されています。日本が台風を他の国へ追い払う法律を設けたことは、道義的に許されることでしょうか。

## 測り方

### ①雨として測るものは何か

雨の定義はその測り方にあると言ったら過言かもしれませんが、空中からの水滴が地表に達したものが雨と認識されるわけです。すると、霧と思われる水滴が地表に付着したものは雨かという質問も出るでしょう。また嵐で、横なぐりの風の中で、雨滴が水平に飛ばされている状態では、雨とは見えても、地表に達しないものは雨かと問われるでしょう。

これらに対する回答は、奇異な表現ですが「雨量計に入った水が雨である」となります。雨量計内に付着にした霧粒は雨ですし、水平に吹きとばされて雨量計へ入らない雨滴は雨ではないのです。「それらは微量だから誤差の範囲だよ」と笑捨してもよいが、笑捨できないのはレーダーで測った「雨量」と称するものです。レーダーについては別項で説明しますが、雨雲に電波を当てて返って来た電波の強度から、雨雲の中の雨滴の量を推定します。基本的には地上の雨量計と比較して、電波強度からの換算係数を決めますが、レーダーで観測された雨量は、いわゆる雨量計の雨量と全く異なります。空中に浮いている雨量ですから、テレビの気象情報でも区別して言われています。

雨量観測を目的としたレーダーには、そのための改良が加えられているので、レーダー

自記雨量計受水部

雨量計と呼び、地上雨量計と区別して、配置などが検討されています。話を地上雨量観測に戻します。

## ②雨を測る

雨のみならず雪、雹（ひょう）、霰（あられ）などを総称して降水と言います。では、降水量はどうやって測るのでしょうか。これは雨量計で測ります。雨量計では茶筒のような円柱の上の開口部から入った雨水を瓶に溜め、その体積を開口部面積で割ります。このタイプの雨量計は世界に先駆けて朝鮮半島で古くから用いられていたそうです。雨量は水深として求まります。では雪は？　雨量計の受水口にたまった雪を溶かして水にして測ります。今は商用電力が広くいきわたっているので、雨量計に電気ヒーターをつけて、雪をその場で溶かします。

現在広く利用されているタイプの雨量計は転倒桝雨量計です。受水口は直径20センチメートル（面積314平方センチメートル）の円形で、これで雨量を受けます。その下に三角形の雨量桝が一対あり、どちらかに雨水が入ります。それに雨量1ミリ分（314平方センチメートル×0・1センチメートル＝3・14立方センチメートル）が溜まれば、その重みで三角桝は60度ほど転倒・排水し、もう一方の桝が雨を受けます。転倒の折に電気パルスを発生させ、それをロガーに1ミリとして記録します。0・5ミリ分で転倒する機種もあります。

50年ほど前までは受水口から入った雨水を瓶に溜めて、毎日定時に瓶の水を人手でメスシリンダーに入れて体積を測り、314平方センチメートルで割って雨量を求めました。あるいは専用のメスシリンダーで測りました。

## 設置環境

雨量計はどんな所に置いてもよいのではありません。20メートル×20メートルの平らな土地に芝を植えて、その中央に置くのです。そして、雨量計は近くの建物などからは、その高さの4倍以上離すというのが気象庁の指針です。20メートル×20メートル＝400平方メートル、これは約120坪で、郊外で坪10万円とすれば1200万円です。

市街地の雨量観測では、雨量計の値段よりはるかに高い予算を用意しなくてはなりません。そのため観測環境が悪く、こんな環境で測られた雨量はまったく信用できないと思われるデータも出回っているので要注意です。

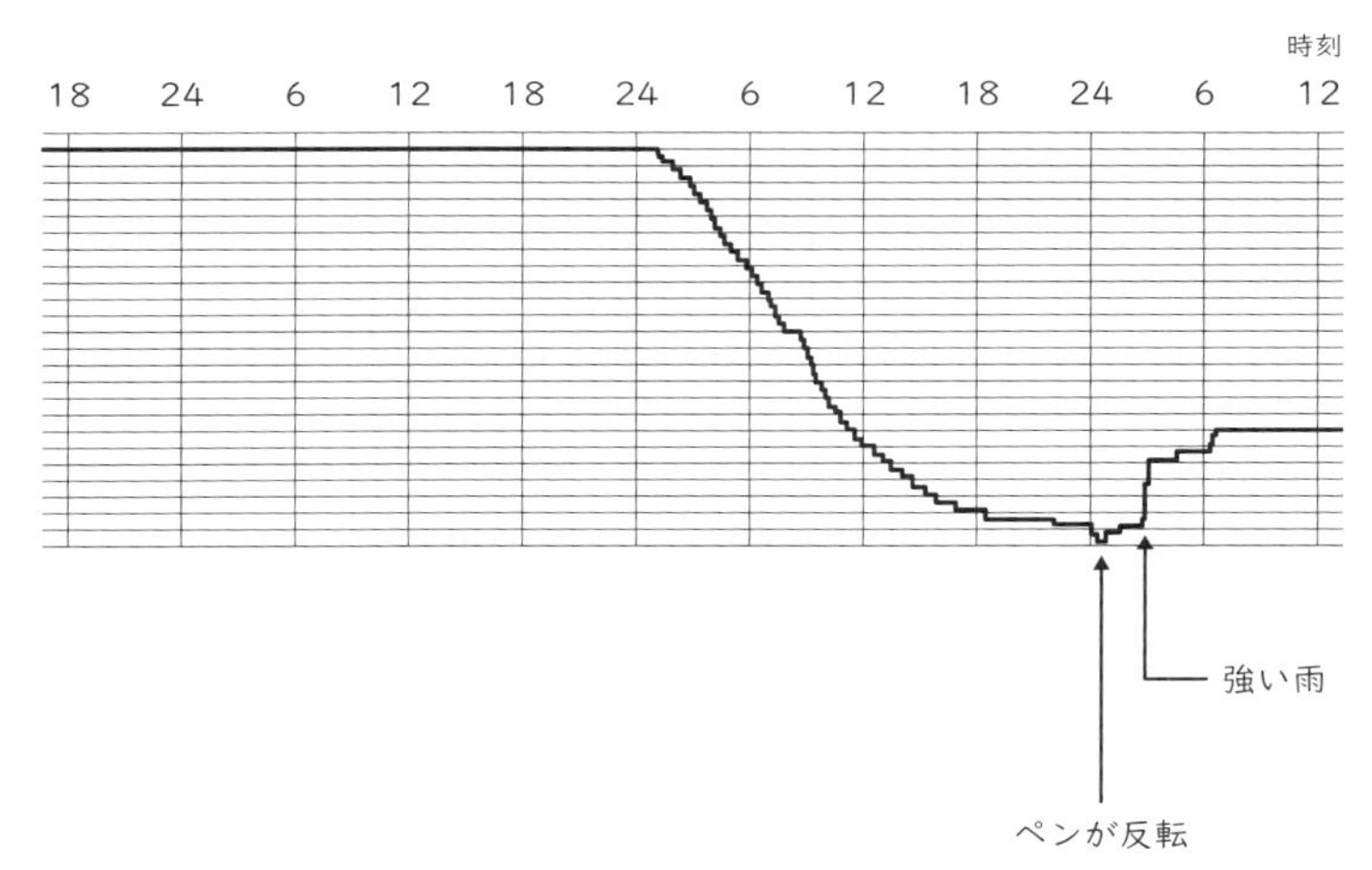


**転倒枡型雨量計記録**
全幅雨量25mm、1ステップ雨量0.5mm
現在の雨量計は電子的に記録し、このような外観はない。

## 時刻の刻み方

転倒桝が1転倒で雨量1ミリに相当するのでその記録を整理すれば、大雨のときの1分ごとの雨量も年雨量も、コンピュータの力でいくらでも整理できます。

気象庁では、1873（明治6）年から雨量観測を始めました。それ以降、各地で雨量観測を始め、各地の日雨量を公開しています。当時は1日1回午前10時に人の手による観測でした。時間雨量さえも記録がありません。大雨のときは規則ではなく、ボランティア的に時間ごとに雨量を測っていました。このとき、10時の時間雨量とは9時から10時までに降った雨量のことです。10分刻みで測る時は、

**雨量計の設置方法**
20m×20mの芝生の中央に。【絵でみる水文観測建設省（当時）中部地方建設局より】

10時の10分雨量とは9時50分から10時ちょうどまでの10分に降った雨量のことです。

ここで問題が発生します。10時間前後に、例えば１００ミリの雨量が降ったとすると、これは分割されて、例えば「前日は40ミリ、後日は60ミリ」というふうに分かれて記録されます。それでは大雨の記録になりません。

そのようなときには、「連続２日雨量」という形でまとめます。最近はこのようなときは最も激しく雨が降っていた24時間をとって「24時間雨量が１００ミリ」と表記しています。24時間雨量イコール日雨量ではありません。このようなことは、60分雨量と時間雨量との関係でも同じです。例えば、８時前後で大雨が降ると、８時前と８時後に分かれて記録されるので、10分ごとに測っておき、連続60分で最大値になるところを選んで60分雨量として発表されます。例えば、７時50分（７時40分から７時50分の10分間）から８時40分までの60分雨量は80ミリというふうに発表されます。

## 雨量計の分布

雨量計と言っても、直径20センチメートルの円筒です。広い空間から見たら点です。雨量としてほしいデータは流域の雨量です。そのため、対象地域に雨量計が何台あればよいか。戦前、茨城県北東部の磯原地区で、雨量計を密に配置して観測し、結果の雨量分布から面積雨量を求め、雨量計を間引いていって、間引いたことによる誤差を検証しました。一雨（ひとあめ）雨量での検討なので現在では有効とは言えません。タンクモデル（67ページ）を開発した元国立防災科学技術センター所長の菅原正巳（すがわらまさみ）によれば、「一流域に信頼性の高い雨量計なら3台あればよい。精度の悪い何台もの雨量計はかえって邪魔だ」と言っています。

筆者は50平方キロメートルに1台の雨量計を配置するべきと主張しました。根拠は、

①狭域積乱雲の水平規模は、約10キロメートルなので、その平面規模100平方キロメートルとして、その半分ということです。

②世界気象機構のかつての水文実務ガイドによれば、不規則な降水条件の山岳流域では、25平方キロメートルに1台、温帯の山岳流域では100～250平方キロメートルに1台としています。山岳流域では高度別の分布、谷の向きなどを考えて、適正な配置が考慮されなければなりません。今後はレーダーで測られた雨量分布との対比をしながら流域の特性に応じた分布を決めていくべきです。

## 雨量計の検定

雨量計など気象測器は、気象業務法による検定を受けなければなりません。検定の有効期間は5年です。気象庁の考え方は、検定方法は室内で水平な台の上で一定量の水を注ぎ、それに対応する回数の転倒パルスが発生すればよい、というものです。

これはハードウェアとしての検定であって、現場で稼働している状態での検定ではありません。

それで筆者は、国土交通省河川局（当時）に提案して、河川局管内の河川流域・ダム流域の雨量計の点検をしました。その方法は雨量計が現場に設置されていて、稼働中の状態で雨の降っていないときに、

①前の降雨で転倒桝に溜まっていた雨を吸いとって別の瓶に入れる。
②約400ミリリットルで正確に体積を測った清水をゆっくり注入する。
③1ミリ転倒の桝なら10回転倒するまで注入する。その水の体積は400ミリリットルからの残量でわかる。
④受水口半径は10センチメートルなので、10平方センチメートル×3・14×10ミリ＝3

14ミリリットルになっているかどうかを、誤差3％以内という条件で判断する。
⑤桝を空にして、①でよけて別の瓶に保存した雨水を元の桝へ戻す。

という手法で検定しました。0・5ミリ転倒の雨量計なら、③の10回転倒を20回転倒とします。気象庁の検定はハードウェアとしての室内検定ですが、ここで実施した方法は現実に稼働している状態での検定で、傾いて設置されていたら、ハードは良好でもアウトになります。誤差3％というのは、気象庁のマニュアルにある数値です。1台の検定を約10分で終わらせているので、時間雨量約60ミリを対象雨量としているわけです。

こうやって実地で検定した結果は大部分が合格でしたが、これは国土交通省の中での話です。テレビなどで発表される雨量何ミリかには、雨量計の管理の組織の名が述べられています。

## ――レーダー雨量計

雨量計の配置は面倒なことがわかってもらえたと思います。そこで登場したのがレーダー雨量計です。レーダーとはお椀型の（回転放物面）のアンテナから電波を出し、雨滴

（一般には物体）に当たって返ってきた電波の強度の低下から、雨量を求めるものです。アンテナの方位と返ってくるまでの時間から、雨滴の位置を知ることができます。アンテナをぐるぐる回せば、平面的に雨量の分布図が描けます。これは元々軍用で、敵の飛行機を発見するためのものでした。50年前ごろ（１９６６年以来）私たち技術者が雨量観測への改良を目指しました。

しかし、それにはいろいろと困難がありました。結果が通常の雨量計の観測値と合わないのです。

その理由としては、

①レーダーで測っている雨量は、実は空中に浮いている雨滴のことで、地上に達してはじめて雨量と呼ばれるものになります。途中で蒸発したり、風で流されたり（移流）すれば、地上雨量と対応がつかなくなります。

②レーダーの電波は山に当たっても、反射して返ってきます。反射波を見て雨に違いないという保証をする必要があります。反射電波の強度のゆらぎが、大きなものが雨からの反射電波だと判別するMTIという方法が開発されました。

③1個の雨滴の体積（それは雨量に相当する）は直径の3乗に比例しますが、反射電波の強度（Cバンド帯）は直径の6乗に比例します。均一粒径の雨雲ならいざ知らず、粒径分布が複雑な実際の雨量では、一つの関係式を作るわけにはいきません。通常のCバンドよりも波長の短いXバンド帯の電波を利用し、偏波という波の性質を使って、粒形が球から楕円に近いかという性質による補正がある程度できるようになりました。

④比較の対象が、直径20センチメートルの受水口で受ける地上雨量計と、約3キロメートル×約3キロメートル（後に250メートル×250メートル程度まで狭くなったが）の区域から反射されて返ってくる電波で測る雨量では、見ているものが違うという問題がありました。

レーダー雨量計の長所は次の通りです。

①即時性があります。今まさに地上に到達せんとする雨を測ることができます。

②抜け落ちが防止できます。平面的にスキャン（走査）しているので、配置された地上雨量計の隙間をぬって狭域積乱雲が来襲するようなことが防げます。

③面積雨量をティーセン分割という手作業によらずにコンピューターで直接求められることは精度向上・予測の迅速化になります。

④レーダー雨域の移動を物理学的シミュレーションで追跡し、未来の雨に対し予測ができます。

⑤レーダー雨量計の仰角も変えて測ることにより、雨量の立体画像を作り、雨量の短時予測、特に豪雨の予測に役立ちます。扇形のレーダービームを出せば一気に可能となるでしょう。

## ――雨量の体感

テレビの気象情報などで、「時間雨量10ミリ」というような表現がなされます。その多くは地上雨量計で測られた値で、レーダーの場合は特に「レーダーによれば」というような注釈がつきます。ここでも同様に考えてください。

雨に濡れている時間、気温、風のあるなしにもよりますが、雑に言って雨の体感は以下をご参考に。

**①時間雨量1ミリ**……駅の出口で「あっ、やっぱり傘がいるなあ」と感じます。路地は濡れますが歩行には困りません。

**②時間雨量5ミリ**……傘が必要です。傘なしで駅から走って帰ると、大分濡れます。でも自然斜面から雨水が流れ下ることはありません。全部地面に浸透します。

**③時間雨量10ミリ**……傘をさしてもズボンの裾が濡れます。舗装道路にも小川（？）ができます。

**④時間雨量30ミリ**……玄関で外出を躊躇します。レインコートが必要です。自然斜面からは雨水の表面流出が現れます。舗装道路は冠水し始めます。

**⑤時間雨量50ミリ**……傘もレインコードも役に立たないでしょう。傘をさしていても、下着までビショ濡れになります。東京都内の二級河川の洪水対策は時間雨量50ミリです。

## 雨量記録の整理

「過去の雨量記録は何に役立つのですか」と問われるかも知れません。後で詳しく述べますが、ここでは簡単に「河川の計画に」とだけ述べておきましょう。つまり大雨の降りやすい所は大きな川を計画せねばなりませんし、あまり雨の降らないところでは小さな川を作っておけばいいわけです。年に1度大雨が降るとすれば、そのような雨量記録をまとめます。

**①連続2日雨量**：かつては日雨量しか記録がありませんでした。一雨が日界（気象観測における1日の区切りの時刻）にひっかかった場合に、大雨も半分ずつで分割記録されてしまいますので、1日単位の大雨記録はよくありません。連続2日雨量を作ることによって、大雨の記録は有効になります。日本で大河川と言っても連続2日雨量をとれば洪水のおよその見当はつきます。今は1分刻みで雨量を測っておいて、コンピュータでまとめますから連続何時間、または何分雨量でも求められます。以前からの整理方針に従って連続48時間雨量を整理している例が多いようです。

**②年最大値**：年最大値とは、毎年1回大雨が降ることを前提にしています。1年に2回大雨が降ることもあるし、大雨がまったくない年もありますが、年というのは気候の重要な単位ですので、年最大というのは意味があります。1年に2回大雨が降った時、第2位も含めるべきという意見もありますが、では第3位はどうか、他の年との比較など、決めに

くい問題が続出します。このように毎年1回の大雨をとるのではない統計処理を非毎年処理と呼んでいます。

ある流域について大雨が降りやすい流域か否かを判断するのは、流域平均の年最大2日雨量の確率密度関数が、大雨に関してどのように広がっているかということです。よく巷間で言われる「何年に一度」というような雨の降り方を確率雨量から求めます。

**③確率雨量の作り方**：年最大流域平均連続2日雨量をなるべく長期間にわたって集めます。1999年とか2005年とか言うような、年のラベルは無視します。小学生の身長の分布のような度数分布図を作ります。

この度数分布図に最もよく合うような確率密度関数を探します。小学生の身長の分布図なら、正規分布図をあてはめることが多いですが、雨量の場合にはもう少し複雑な確率密度関数を使います。

この関数の大雨の部分で全面積の1／100の当たる限界を「100年確率雨量」と一般に言います。それが300ミリ／2日だとすれば、連続2日雨量で300ミリを越える

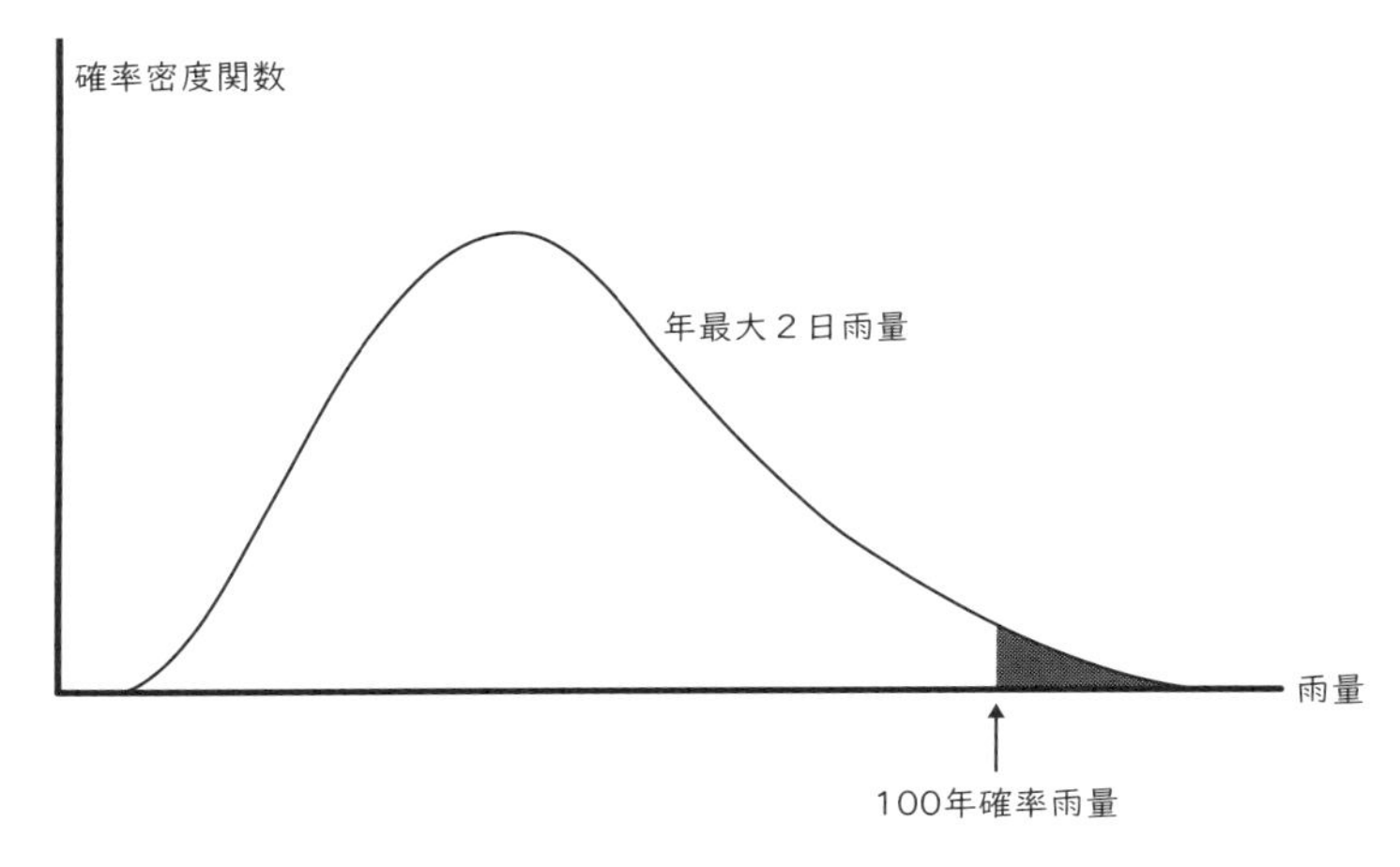


**100年確率の意味**
年最大２日雨量の確率密度関数は雨量観測値より算出される。右端の着色部が、山型の全面積の１/100になる限界の雨量で、100年確率雨量と呼ばれる（図は模式図）。

雨が降ることが、例えば１００年に１回ある確率だということです。乱数表でテストをしてもこのようにきれいに数値が出てきませんが、一応の基準とします。

１００年確率３００ミリ／２日で河川を整備したから、「これ以上の雨は降らない、枕を高くして寝られる」と言ってはいけません。確率の判断とは、４００ミリ／２日の雨が明日降ってもおかしくないし、５００ミリ／２日の雨が翌年降るかもしれないのです。

こうしておけば、多雨地帯は多雨地帯なりに大雨の量ではなく、大雨による危険度、少雨地帯ではそこの危険度、つまりリスクを揃えて評価できます。

ややこしいことを言いましたが、仮に雨量200ミリ／2日で揃えて全国の堤防の計画をしたと言っても、多雨地域の人は200ミリ／2日を超える雨によって何度も氾濫に遭うかもしれないし、少雨地帯の人はほとんど関係ないとなってしまいます。

100年に一度の大雨という区切り方をしておけば、完全ではないにしてもすべての国民は公平に安全ですし、裏返せば、受ける洪水の危険も公平です。これを計算するためには、今はパソコンで処理しますが、専用の特殊方眼紙を用います。

このような考え方に対してさまざまな反論を受けました。アメリカの専門家からは「alternative（オルタナティブ。二者とか三者とかからの選択）」がないと指摘されました。同僚からは「大都会の堤防も、野山の一軒家を守るのも、同じリスクの堤防を造ると考えるのか」と尋ねられました。気象の専門家からは、30年ぐらいの長さのデータで100年確率を決めるのは難しいと批判されました。この反論に加えて気候変化（現在温暖化が課題ですが）による雨の降り方の変化がとり沙汰されています。

## 雨量確率が変わる？

雨量の長期的な増減は昔から言われていました。しかし、最近100年の気温、特に全地球的に見た気温が上昇しているということは最近はっきりとしてきました。

過去には全地球的に気温が今よりずっと低かった時代もあったようで、地球上の水が北極近辺・南極大陸に氷となって蓄積したため、海面が約100メートル下がって東京湾も陸化したのみならず、日本列島は大陸とも地続きになって、大陸の動植物が大量に日本列島へやって来たというのです。

今はその逆で、温暖化で海面の上昇が懸念されています。原因としては温室効果があげられています。太陽が照ると、人工的暖房のない温室でも暖かくなります。日射によって気温は上がります。温室でなければ夜は冷えます。それは暖かくなった地面や地上の物体は放射現象（日射より長波長の宇宙へ出ていく放射）で冷えるので、温室ではガラスやプラスチックシートで物体からの熱の放射をさえぎるのです。

大気中でも物体から宇宙へ放射される熱をさえぎる物質があり、それが増してくると熱が宇宙へ出なくなり、地球上で熱がこもるのです。その物質は二酸化炭素です（炭酸ガ

**年降水量の平年値の変化**

| | 1921-1950 | 1941-1970 | 1961-1990 | 1981-2010 |
|---|---|---|---|---|
| 札　幌 | 1119 | 1141 | 1129.6 | 1106.5 |
| 仙　台 | 1216 | 1245 | 1204.5 | 1254.1 |
| 新　潟 | 1743 | 1850 | 1778.3 | 1821 |
| 東　京 | 1568 | 1503 | 1405.3 | 1528.8 |
| 名古屋 | 1513 | 1540 | 1534.9 | 1535.3 |
| 大　阪 | 1274 | 1390 | 1318 | 1279 |
| 広　島 | 1527 | 1644 | 1554.6 | 1537.6 |
| 高　松 | 1134 | 1185 | 1147.2 | 1082.3 |
| 福　岡 | 1596 | 1705 | 1604.3 | 1612.3 |
| 那　覇 | | 2118 | 2036.8 | 2040.8 |

国立天文台:理科年表による

ス)。この他にもフロンなどの物質もあります。

気温が上がればどうなりますか？　台風の数は若干減るが強い台風が現れるとか、豪雨・干ばつなど極端な現象が増えると心配されています。

「最近雨が多くなりましたね」「今年は雨ばかりで……」などの会話が多く交されるようになりました。これは気候の温暖化などと関係づけられて、話されています。気象庁は「平年より多い」というような表現をしていますが、この平年とは一体何ですか？　それは世界気象機構(World Meteorological Organization)

が決めている方法で、西暦で切りのいい30年、例えば２０１８年現在で言えば１９８１年から２０１０年までの30年の平均値であります。そのような意味で主要都市の過去90年間の年降水量の平年値は次の表の通りです。気温などについての平年値の意味も同じ方法によります。

こうして連続２日雨量の１００年確率が求まりますので、実績の台風なり、集中豪雨なりの降雨の時間分布が１００年確率に合うように引きのばしなどの変形をします。別途求めた流出モデルにその雨の時間分布を代入し、流出推算をして流量波形を形成し、基本高水を得ます。

この方法については批判があります。しかし、お偉いさんの家のまわりだけを守るという考え方ではなく、日本国民は平等の安全性を保証されている（裏返せば、平等のリスクを負う）ことになるという社会を目指しているということでもあります。

伊勢湾台風という巨大台風が１９５９（昭和34）年９月26日に中部地方、特に名古屋地区を襲って、大災害となり、日本全国で4697人の方が亡くなりました。他に行方不明は401人でした（この台風については別途説明します）。60年経った今でも痛恨の極みです。

台風は自然現象です。怪し気なものや人工的なもので制御はできないでしょう。しかし、台風を理解してそれに対する備えをすることは大切です。伊勢湾台風の6年ほど前に13号台風という大台風が近畿から名古屋の南、三河地区を襲ったのですが、名古屋では大災害に至らず、ほとんどの人は伊勢湾台風も最初はみくびっていたのでしょう。

しかし、前日（災害の後だから前日と

天気

今晩　北東の風強く、時々雨。あす　北東のち南東の風強く、時々強いにわか雨。

9月25日9時

去年の狩野川台風を思い出させるような超大型台風が日本に近づいている。日付も大体同じ。南岸の前線もあの時と似ていてまことに不気味だ。飛行機観測によると台風の中心では二五〇〇メートル上空の気温が三〇度の驚くべき高温。この巨大なうずまきは南洋の海面から水蒸気と熱気を大空にまきあげて北上し、日本に大雨を降らせようとしている。

主要都市のあすの天気

| | |
|---|---|
| 札幌 | 北西の風強く時々晴 |
| 仙台 | 南東の風雨 |
| 名古屋 | 北東の風強く後雨 |
| 金沢 | 北東の風強く時々雨 |
| 大阪 | 北東の風強くにわか雨 |
| 広島 | 北東の風強く後晴 |
| 福岡 | 北東の風強くにわか雨 |
| 鹿児島 | 北東の風強く時々雨 |

伊勢湾台風前日の新聞記事。強大な台風であることが示されている。【1959（昭和34）年9月25日 朝日新聞より】

言えるが）９月25日の夕刊の新聞の天気欄に驚くべき記事が載ったのです。要部を引用します。

「飛行機観測によると台風の中心では、２５００メートル上空の気温が30度の驚くべき高温。」

１９５９年ごろは米軍が飛行機で台風の上を飛んで、ドロップゾンデという気象計器を落として、台風内の気温や湿度を無線で飛行機へ送るという観測をしていました。小さい天気欄ですから、その精度などはわかりません。しかし、戦前から山登りやグライダーでよく言われていたのは、大気中では１００メートル上ると０・６度気温が下がるというアバウトな数字です。

これで地上気温と計算すると、

30度＋２５００×（０・６／１００）＝45度となって、地上は風呂の湯としても高すぎる温度です。どこまで上れば０度の大気に達するか２５００メートル＋30度÷（０・６／１００）＝７５００メートル。つまり７５００メートルまで上らないと０度にならないなら、ヒマラヤの氷河もすべて溶けてしまいます。南方洋上から近づきつつあるこの台風は超巨大なエネルギーを持っているということが新聞に出ていたのです。

新聞情報ですが、100メートルで0・6度というアバウトな数字と自然現象に対するシンプルな知識さえ日本人の防災関係者、望むらくは一般の人々も持っていなかったというのが悲劇の遠因で、レベルの低い日本人社会がこの台風に対する準備を怠って約5000人の方が亡くなったのです。

# 第三章

# 雨水の川への流出

## 雨降りのときに地面を見ると……

雨が降ると「川の水かさが増す」ということは誰もが知っていますが、これは少し考える必要があります。というのは、美しい川の景色と深くかかわっているからです。

ふつう、土壌の表面には個体の土・粒子だけではなく、30〜40％の隙間（空隙）があり、平常は水や空気が占めています。バケツに水を汲んで、植木鉢を水中に沈めてみましょう。大量の泡が植木鉢からブクブクと出てきます。土だけと思っていても、土の中には空気が占める部分があるのです。

雨の側から考えれば、少々の雨では土層の隙間に入るので、川の水位を増すことはありません。

雨にはその一つ手前の過程があります。それは樹木による遮断です。樹木の豊かな日本では、雨水は樹冠で葉・枝に付着するので、遮断されます。付着した雨水の一部は蒸発して天空に戻ります。残りは樹幹を伝って地面へ達するか、風などで振り落とされます。いずれ地面に達するのですが、そこには時間の遅れが発生します。

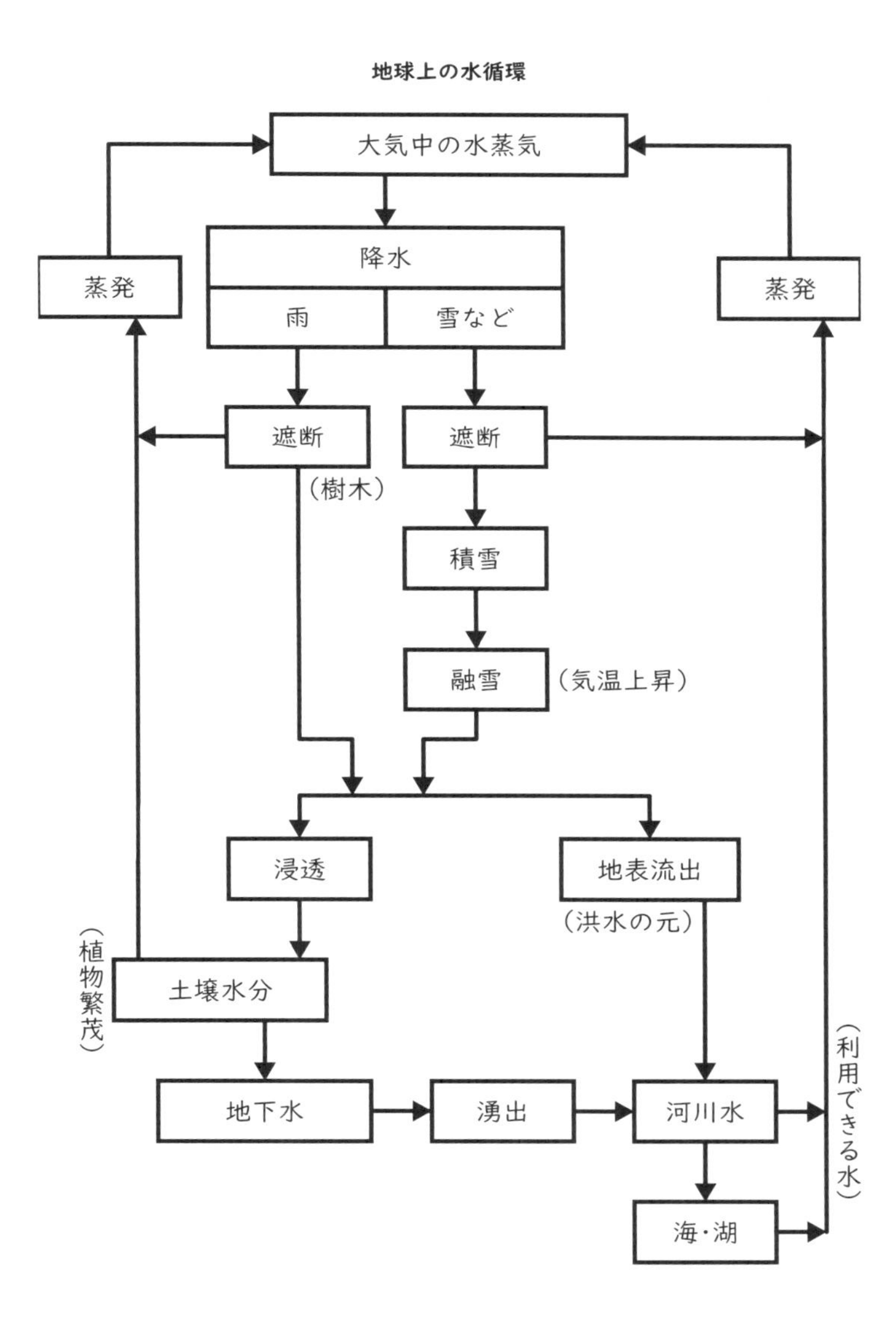
地球上の水循環
大気中の水蒸気
蒸発
降水
雨
雪など
蒸発
遮断
（樹木）
遮断
積雪
融雪
（気温上昇）
浸透
地表流出
（洪水の元）
（植物繁茂）
土壌水分
地下水
湧出
河川水
（利用できる水）
海・湖

いずれにせよ、初期の雨量は土壌の空隙をある程度満たさなければ次に進めません。後で述べますが、初期の雨量は川への流出には役に立たず、その分は、初期損失と呼ばれます。

日照りが続けば空隙の空気は多くなり、初期損失は多くなります。何日前にどのような雨が降ったかという視点でその量を推定します。これは先行降雨指数と表現します。この空隙があるから、植物の根は呼吸をするとともに十分に張って美しい緑の葉を広げられるのです。

土壌の隙間（空隙）に入った雨水は、地表から蒸発して大気中へ戻る分もありますが、大部分は下へ下へと重力によって移動・拡散して、不透水層（厳密な不透水ではなく「水を通しにくい」くらいの意味で、地中には何層もある）上で滞留します。

雨が多いと地表近くで空隙は満たされ、浸透できない水も現れます。それは地表に溜まったり、低い方へ流れたりします。踏み固められた土では、容易にそのようになります。

コンクリートまたはアスファルトで覆われた地表では、時を待たずして雨水が流れ下り始めます。水文学ではその時、「表面流出が発生した」と言い、低い方へ流れた水が渓流に流入して「河川の水かさが増した」ということになります。

地表の空隙がすべて雨水で満たされないと表面流出が発生しないとする説もありますが、その説には従いたくありません。

山腹斜面でそうなれば、土は支持力を失い、崩落します。表土の薄い部分の空隙が雨水で満たされれば、その後の雨は表面流出となる可能性があります。

雨水で満たされた表土の薄い部分をシャベルで掘ると、下の層ではまだ空隙に空気が残っていることがあります。

古い農家の藁屋根(わらやね)は、大雨に際しても表面で雨を流し去ります。同じように、落葉で覆われた山腹斜面も雨水は深く浸透せず、早く表面流出が発生します。これを藁屋根効果と呼ぶことにします。

## ——流出成分

かなりの雨が降ればそれに応じて河川の水位が増して、ピークに達し、下降します。

ピーク付近を表面流出（直接流出）、水が引きつつある部分を中間流出、普段の水位に戻りつつある部分を地下水流出（基底流出）などと安易に称する人がいます。正しくは、流域斜面の表面を流下した成分だという意味で表面流出と呼び、または地層などと関係なく直接出てきた水だから直接流出と呼びます。雨水流出がほぼ終わり、浸透した雨水がいったん地下水層に溜まってゆっくり流出してくる成分を地下水流出と呼びます。

土壌の空隙を埋めただけで出てきた水の流出も中間流出と呼んでいますが、その定義はあいまいで、いったん表面から浸透して土壌水分や地下水となった雨水が地下水流出より早く流出してきたものも指します。

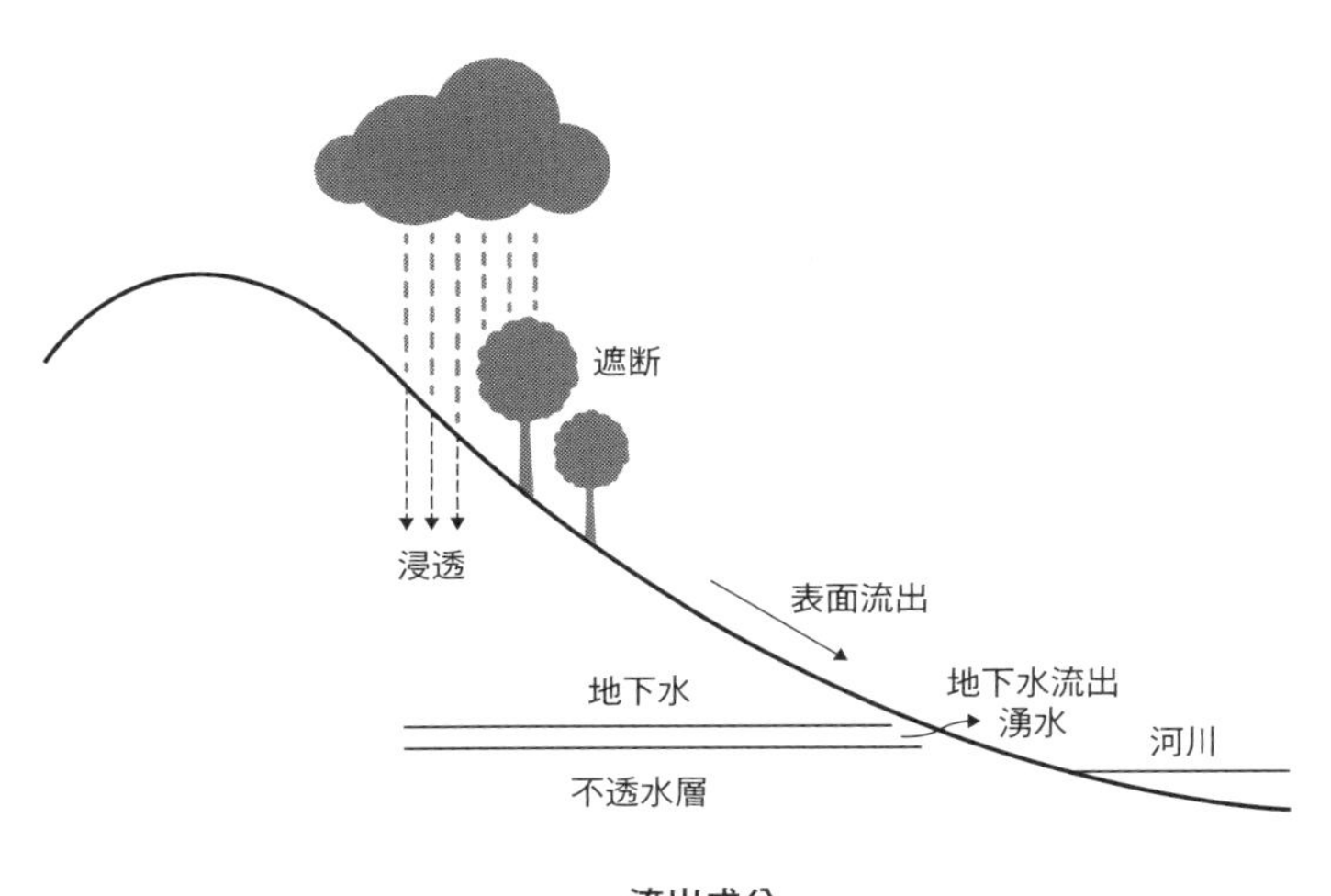


流出成分

具体的には流出解析において、流出流量の低減曲線を片対数方眼紙にプロットして、ピーク付近から急に低減する成分を表面流出、やや緩く低減する成分を中間流出、水平に近く低減する成分を地下水流出としています。

## ピークの低減

これまで述べたのは、斜面流出を主とする雨水の河川への流出についてです。日本は山が多いので、それでも主要部分は説明できますが、河川下流の沖積(ちゅうせき)平野の河川、例えば、関東平野における利根川、荒川、また、筑後平野における筑後川のような場合には、斜面から渓流へかけての流出波形が沖積河川によって偏平化することも考慮しておかねばなりません。河道貯留(かどうちゅうりゅう)効果というものです。

貯留効果とは、例えば、池に何立方メートルかの水を短時間で注いでも、直ちに同一体積の水が池から流出してくるわけではありません。注入された水が池の水位を直ちに上げ、すぐに池からの流出に寄与するわけではないのです。ここで時間遅れを伴います。河道は細長いので、時間遅れも大きいのです。

さらに日本の沖積河川は、何かの形で周囲の水田とつながっています。水田が大きな貯留効果を持っているのです。洪水が遅れること、さらにピークを低減することで山地から出てくる洪水を和らげるのです。

## 流出モデル（アルゴリズム）

雨量から河川流量への現象として見ると、前節の通りですが、雨量から河川流量を量的に算出する方法（アルゴリズム）は世界でも日本でも多くの方法が開発されました。

大きく分けて言うと、表面流出を算出する方法は洪水対策に、地下水流出を算出する方法は渇水対策や利水対策に用いられました。現在は高度化されたアルゴ

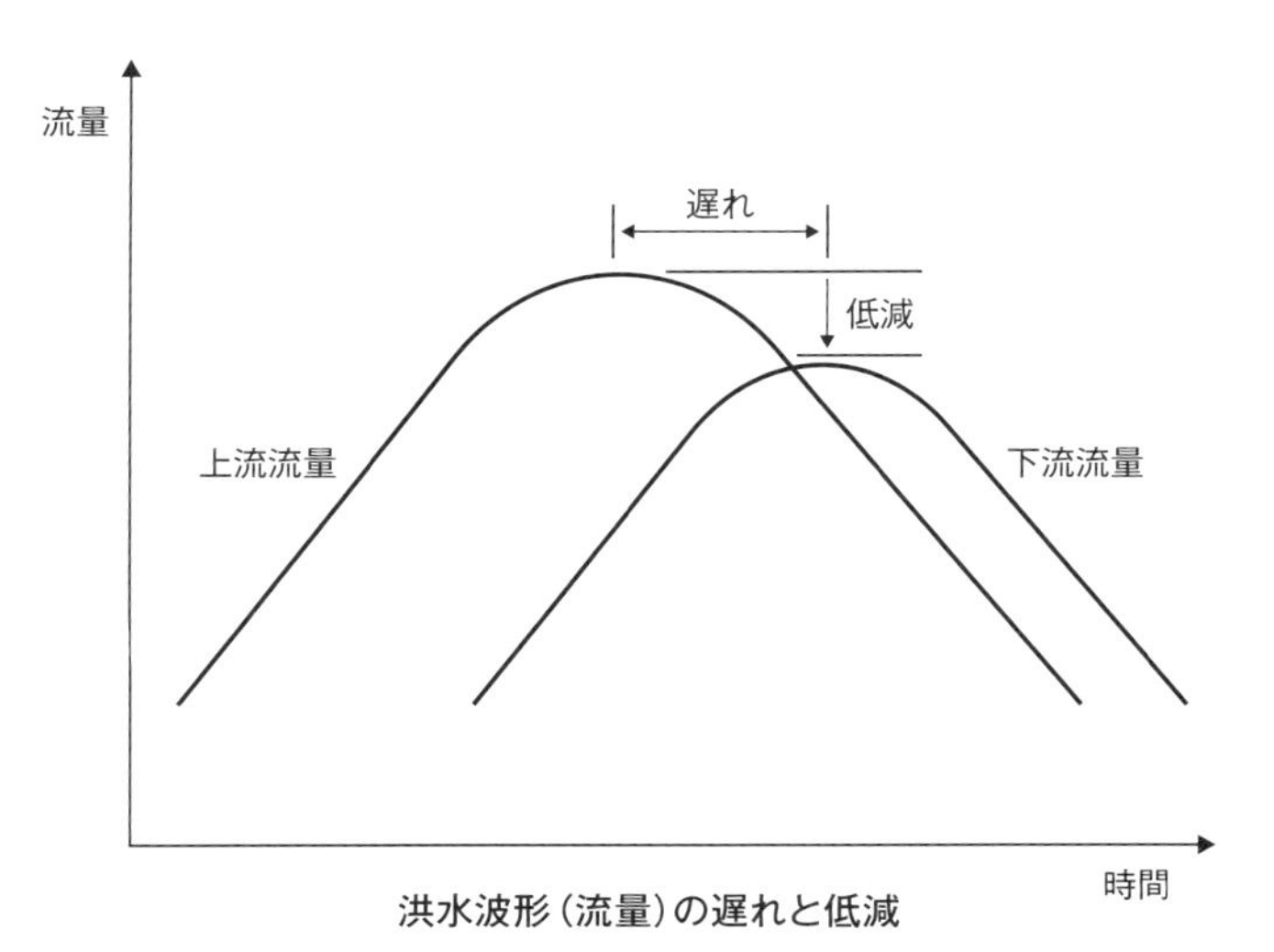

洪水波形（流量）の遅れと低減

リズムも多いですが、初期の基本的な例を次に紹介します。

## ①一次式で算出する方法

一次式とは中学校の数学で習う、比例に似た式です。昔の人はそろばんで計算したため、水位が高い場合、低い場合など、いろいろな条件で式を変えます。

１９２２（大正11）年、熊本県阿蘇郡の小国町にある森林測候所に勤務していた上野巳熊（うえのみくま）は、筑後川の上流・玖珠川の森町における雨量Ｒミリ（時間区分がある）から、下流・久留米の水位Ｈ尺を予測する式を発表しました。Ｈ＝６・01＋０・０４３６Ｒは、そのうちの一つで、久留米の水位を３通りに分け、雨量も警戒時後の３時間、４時間、５時間の雨量によって式を分けています。場合を分けて、多くの一次式で示されています。

ちなみにこの式は下流の洪水を予測できる計算式で、上野巳熊は大正時代に日本初の洪水予報を導き出したのです。

## ②合理式

雨量に流域面積を掛ければ川の流量になります。

そのとき、雨量がそのまま川の流量になるのではなく、降った雨量は空隙に溜まったりします。その流出しない分を考慮した流出係数fを掛けます。雨量によっても藁屋根効果や土壌の空隙によってもこの係数は変化しますが、0・6～0・8％くらいの値です。

雨量は1時間あたりの量、つまりミリ／時の単位で測ります。測る時間は、流域の最遠点から流下してくる時間での平均雨量強度で、単位は上記の通りです。

流域面積Aは、平方キロメートルで流量Qは、立方メートル／秒で測りますから、次のような式となります。fと1／3、6は秒や時間などが入っているため、単位の調整係数です。

この式は下水道の計画に合理的だということで、下水道計画のみならず、小流域の河川計画、さらに流出予測にも用いられるようになりました。

### ③単位図

合理式の中の雨量強度は、流下時間（例えば3時間）内の平均としましたが、流域の形状、支川の合流の仕方によって直近の雨量がよく効くのか、少し前の雨量がよく効くのかなど相違することが考えられます。

合理式説明図(T＝３の例)

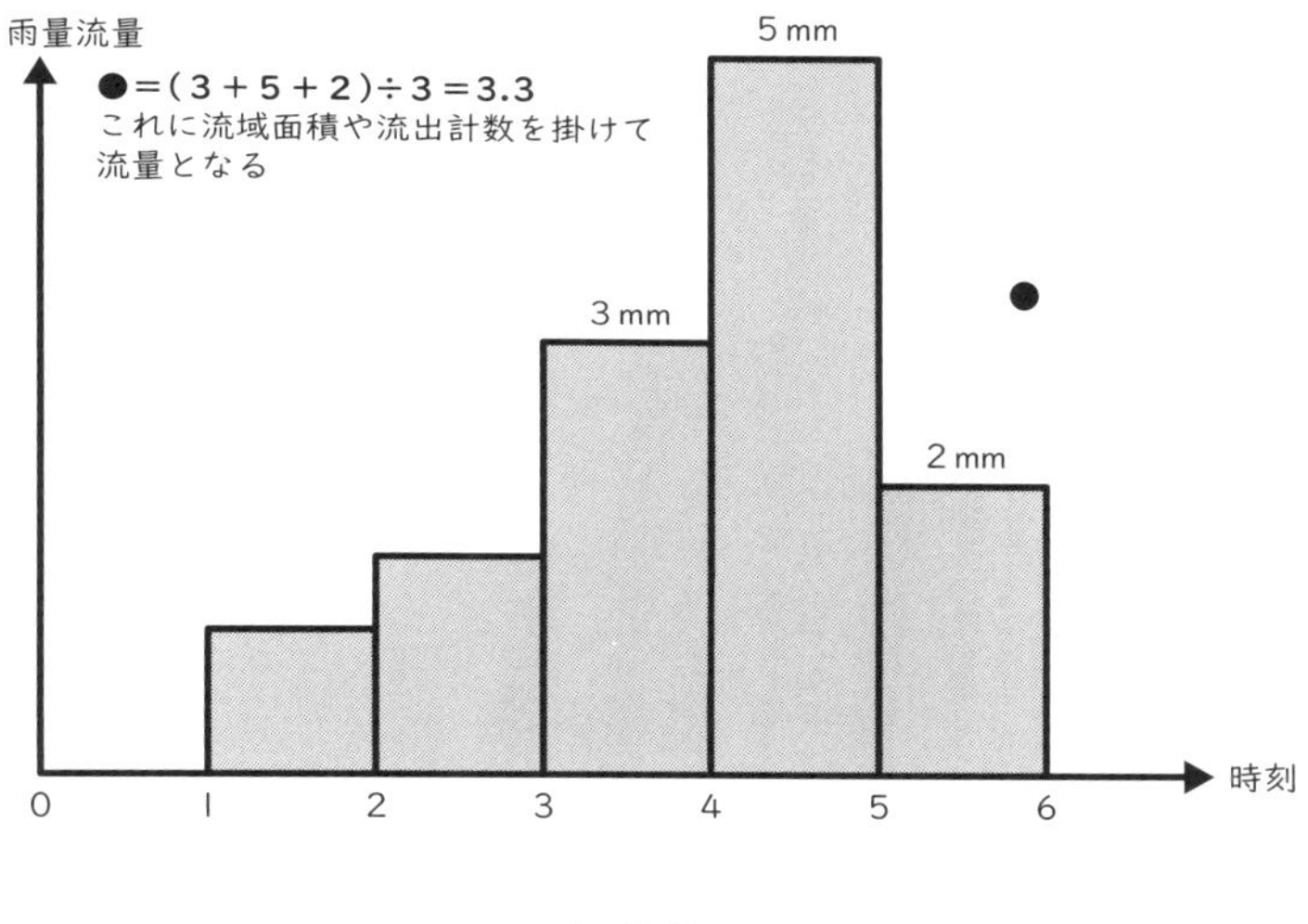


合理式

$$Q=(1/3.6)frA$$

Q：流量ｍ３/秒、f：流出係数、r：最遠点からの流下時間内の雨量ｍｍ/時、A：流域面積km2

**単位図＝たたみ込み積分（Convolution Integral）**

$$Q=\int_0^{\infty} r(t-\tau)\,u(\tau)\,d\tau$$

Q：流量、r(t－τ)：τ時間前の雨量、u(τ)：単位図

例えば、合理式で3時間平均とは各雨量に1／3を掛けて三者を加えたわけですが、直近の雨量に0・2を、1時間前の雨量には0・5を、2時間前の雨量には0・3を掛けて加える（つまり加重平均雨量）のほうがよいかもしれません。

この例で言う0・2、0・5、0・3の時系列を単位図と言います。

合理式の発展と単位図の発想は別で、単位図法はアメリカのL・Kシャーマンが、1932年に提唱した流量の計算法です。日本では、太平洋戦争後に建設省（現在の国土交通省）で土木技術の要職だった立神弘洋と中安米蔵が、流域形状や降雨実績から単位図の時系列を流域ご

とに求める方法をそれぞれ開発しました。ただこれは、基本的に一次式（線型式）であり、流出現象は一次式では表せないという理由から使われなくなりました。この式は数学的には「たたみ込み積分」という一種の積分です。

その後、代わってタンクモデルや貯留関数法が開発されました。それは次節で述べますが、単位図が一次式の欠点を持っていても、短時間先の予測などで利用できます。さらに、過去データから単位図を最小二乗法で自動的客観的に求める方法を筆者が開発しましたので、それらが使われることもありました。

## ④タンクモデル

河川の流域をタンク（大きな容器）と仮想します。タンクの下部には横穴があって、タンク内の水の水圧に比例した量の水が穴から流出すると仮定します。

流域によって、比例の係数の大小を変えます（本物のタンクの穴なら水位の平方根に比例します）。この穴からの流出量は河川の流量に対応し、タンク内へは雨が注入され、タンクの水位は上がるというモデルです。穴がタンクの底より少し高いところにあれば、雨が降ってもその分流出はないわけで、初期損失が表現できます。ここまでなら、雨が2倍

**1穴タンクの説明図**

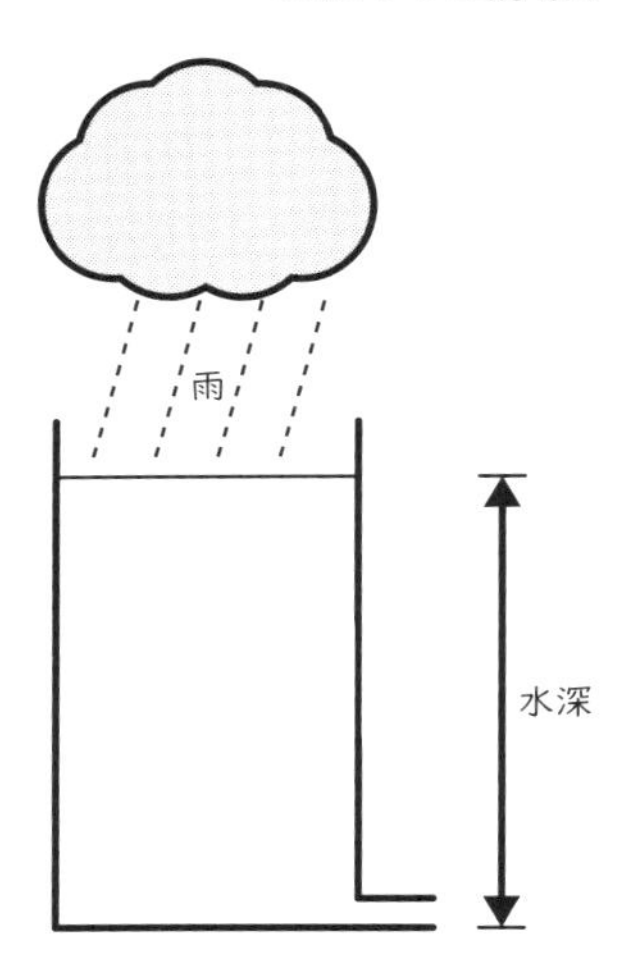


**タンクモデルの説明図**

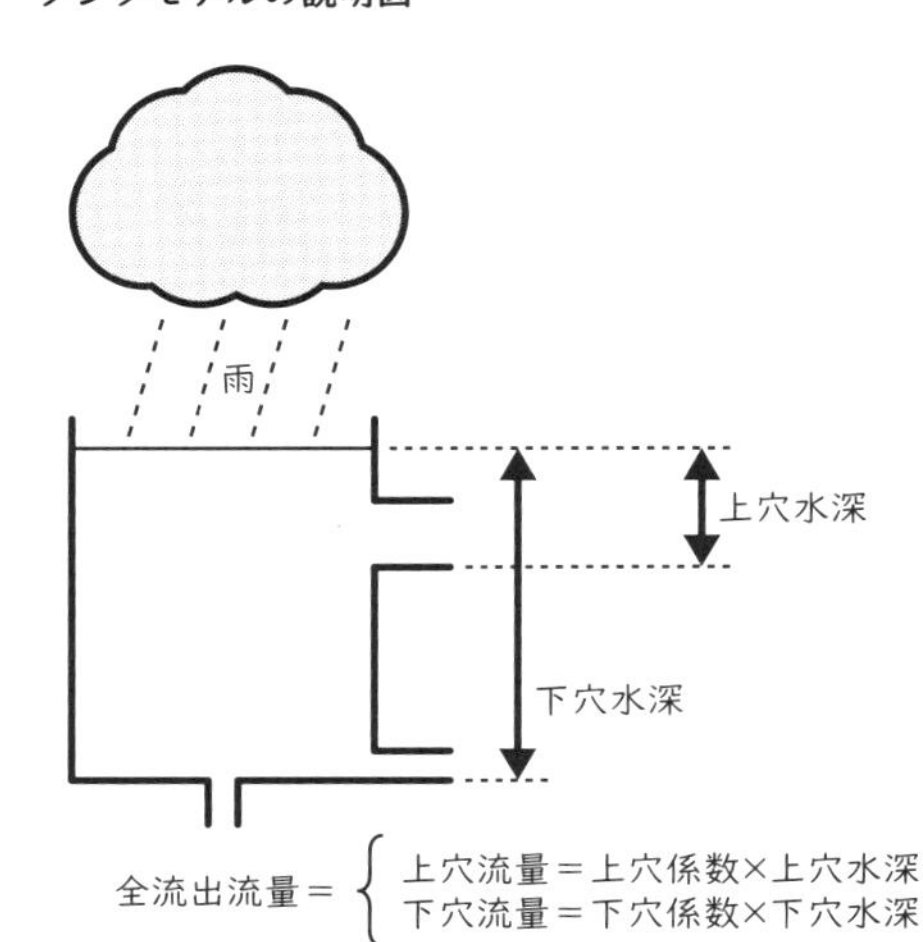

になれば流量も2倍になるという一次式と言えますが、穴を上下2段に設けて、それぞれにかかる水圧（つまり、水面から穴までの深さ）に流量が比例すると仮定すると、二つ穴の流量の和は、一次式ではなく、非線型になります。

下穴は低水流出として流出算出の係数を小さく、上穴は洪水流出として係数を大きくしておけば、洪水がドッと流出してくることを表現できます。その係数は実測流量を片対数方眼紙にプロットしてその低減勾配から推定します。

また、それだけでは十分流出を再現できないので、タンクの底に穴をあけて下に水を抜き、もう一つのタンクを下に設けてその下のタンクへの貯留とそれからの流出を考えます。

さらに、長期流出（例えば１００年間の流出流量）を算出するには、上下に4段のタンクを並べて、上から、雨水は最上段のタンクに入れ、次に洪水タンク、その下に中間流出タンク、一番下が地下水タンクとなる深層地下水タンクとでも言える流出モデルができるようになります。39ページで紹介した菅原正巳が開発しました。

かつて、国連の世界気象機構で、このタンクモデルで各国の流出モデルの比較を行ったところ、世界中の主な河川の流出によく適用でき、高い評価を受けました。

## ⑤貯留関数

流域に降った雨に流出率を掛けた有効成分が流域に溜まったと仮定します。

降雨初期は、流出率が小さいというような考慮もできます。前から流域に残っていた水に、今降った雨の有効成分が加わって流域貯留量となります。

流域から河川へ流出する流量は、貯留量の関数（0・4～0・6乗の関数）として算出され、その分が既存の貯留量から差し引かれます。雨量を逐次加え、流出を逐次差し引いていくと、雨に応じた流出のグラフが描けます。洪水流出の計算に広く用いられる、0・4～0・6乗の関数は、タンクモデルで対応させればタン

**貯留関数**

$$\frac{ds}{dt}=fr-q$$

$$s=kq^{p}$$

s：流域貯留量mm、t：時刻・時間、f：流出率（変化も可能）、r：雨量mm/時、q：流出量mm/時、k：定数25～45、p：定数0.4～0.6

クに穴をあけるのではなく、タンクの側壁にスリットを設けることに対応します。

## 流出試験地

流出モデルといった数式で雨水から川の流れを推算するだけでなく、雨から川の水への変身を自分の身近な流域で確かめてみようとする試みも世界各地で行われています。

雨から川の水への変身と言いましたが、まず、その中でも何を知りたいのか目的をはっきりさせます。その例としては気候温暖化の把握、洪水流出の監視、樹木による流出抑制効果の実証などさまざまあるでしょう。その川の管理者や利用者の了解を得なければなりません。

流出試験地や実験流域と言いますが、林学関係では約100年も昔から、それらの試験や実験は着手されています。ユネスコでも世界的なとりまとめを行っています。

実際の川の流域で雨から川の水への流れを関連づける場合、目的にもよりけりですが、川が大きいと流量などを測ることが大がかりになりますし、小さすぎると測定装置が虚弱になって安定しません。ですから、お勧めは、1平方キロメートル前後の流域になります。

標準の雨量計は、ヒーター付き転倒枡式です。流量は1キロメートル前後の流域なら刃型の四角堰を使います。三角堰では、堰水位の低いところではゴミや水の表面張力で誤差が入ってしまいます。いずれも堰で測る場合、上流からの土砂の堆積の防止は重要です。

## 流量とは

雨から河川の流量に変身する話を延々としましたが、河川の水を量的に表現するには水位と流量との二つの種類があります。

水位は「水がそこにある」という表現で、水が動いていても止まっていても関係ありません。

流量は、水が「どれだけ動いているか」を表現しています。雨量も水が動いている有様を示しているので、川について言えば、雨量に対応して流量が動いているもの同士ということです。

この流量とは、ある面を通してある一定の時間（1秒間とか1分間とか1時間とか）にどれだけの体積の水が動いたかを示す量です。故に、バケツで落ち水を受けて10秒間に10

リットル動いたなら流量は1リットル／秒（毎秒1リットル）となります。河川の場合にはバケツで受けるわけにはいきませんので、定められた断面（面積A）を単位時間（例えば1秒）に通過する水の量（体積）と定めます。流速Vを測って、これに断面積Aを掛けて流量Qとします。

ところが川の断面の中には流速の速いところ、遅いところがありますので、一つの値で流速というわけにはいきません。そこで、全断面を小断面に分けて、その区分ごとに区分断面積とその中の流速を掛けて区分流量とし、全断面にわたって区分流量を足し合わせたものをその川の流量とするわけです。では区分ごとの流速をどうやって測るのでしょうか？

**①可搬式流速計で測る―あまり流速が速くない川で計測するのに用いる**
**②浮子流下速度で測る―流速が速く、流木、ゴミの多い川で計測するのに用いる**
**③水面に電波を当てて返ってきた電波から求める**
**④水中に音波を発射して返ってきた音波から求める**

## ⑤堰で測る

### ①可搬式流速計

ボートの上または橋の上から流速計を支えたり、ロープで吊ったりして水深の中で所定の位置に固定して、プロペラやカップの回転する速さから流速に換算する計測方法です。特別の形をした磁石を流水中に入れ、その磁界と流れにより発生した起電力から流速を求める方法もあります。所定の位置とは、川が浅ければ水深の6割、深ければ水深の2割と8割の2点で測って平均をとります。世界的に広く利用されています。

### ②浮子を用いる方法

水深によって決められた長さの竹竿のような浮子を用いて、それが100メートル（湾曲などがひどければ50メートル）を流下する時間を測り、補正係数をかけて流速とします。流木、ゴミの多い日本の川では、洪水時に普通に利用されています。

①可搬式電磁流速計
左足長靴と重なる部分が受感部

**可搬式流速系による流速観測**

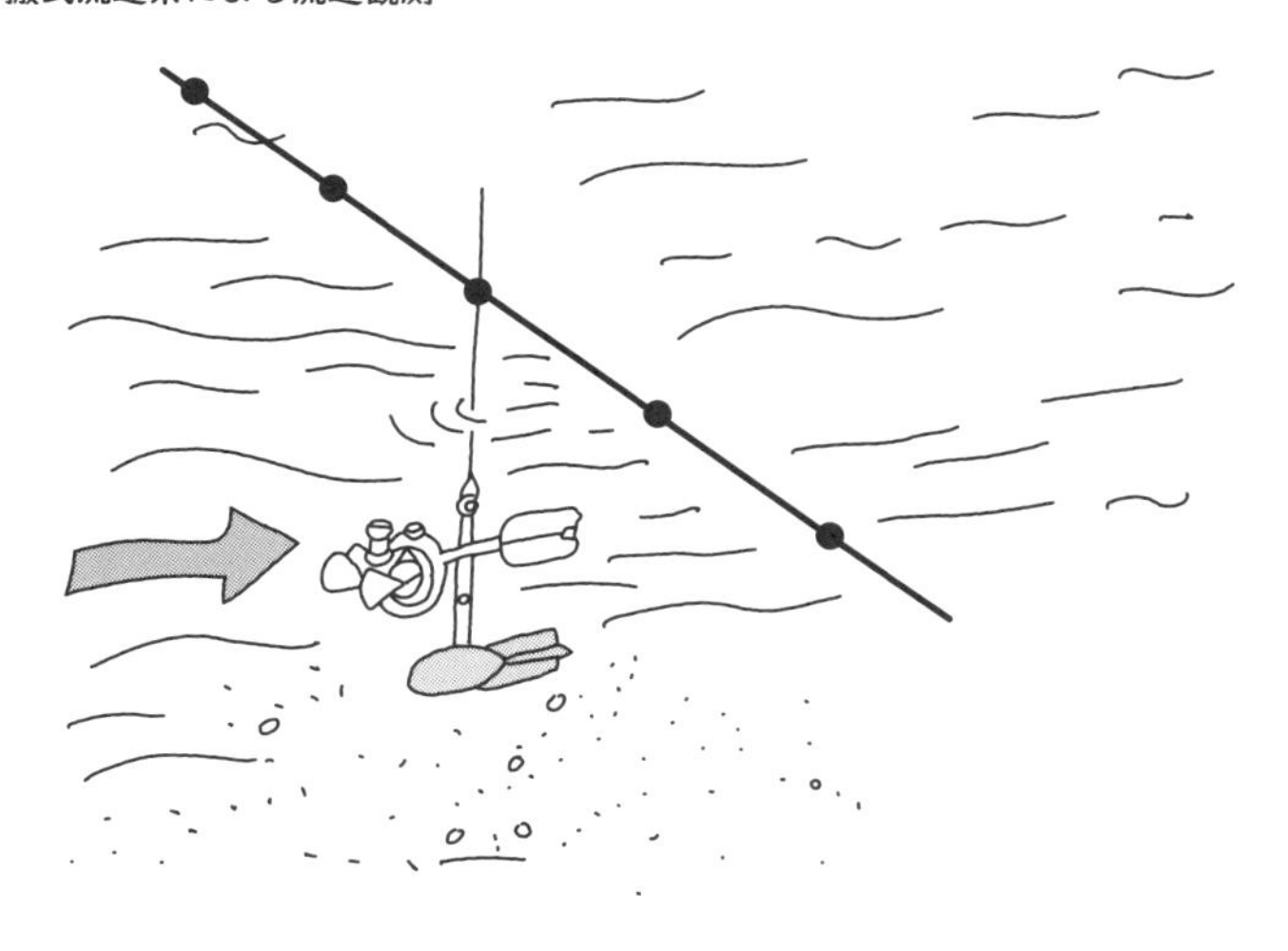

②浮子を用いる方法
浮子を川に入れるところ

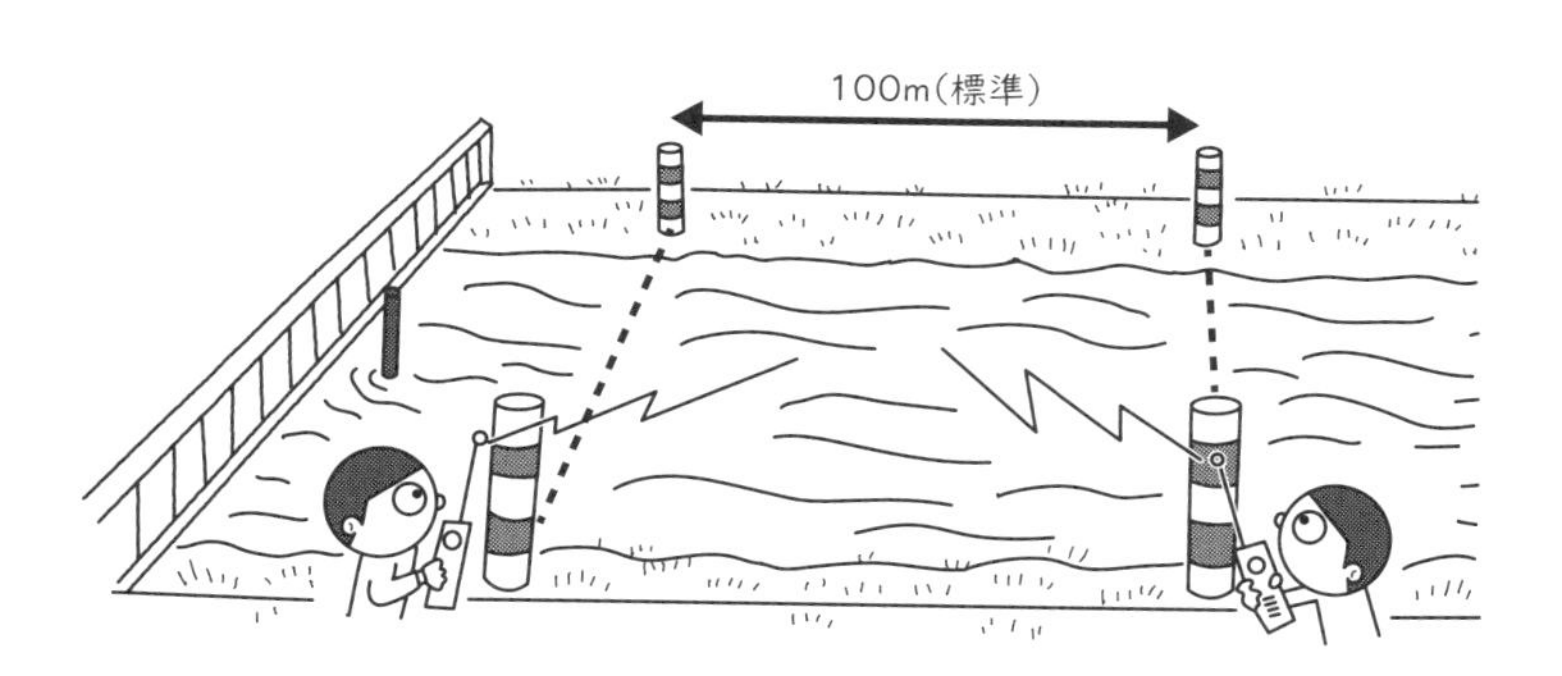

### ③電波から求める方法

水面に電波を当てると、返ってきた電波は水面の動きの速さで周波数（電波の振動数）が変わっている（ドップラー効果）ことを利用して、その変化量から水面の動きの速さで測るというものです。測れる対象は、水面の形状（さざ波など）の動きなので、補正しなければなりません。風にも依るので風向風速も併せて測っておく必要があります。

### ④水中に音波を発射する方法は二つ

Ａ：ボートから下方（鉛直方向から20度斜め）に音波を発射して流れの中のプランクトン、ゴミなどに当たって返ってきた音波の周波数の変化からドップラー効果を利用して流速を求める方法です。ボートを横断方向に走らせて、全断面の流速を知ります。

Ｂ：河川の両岸に音波の送受信器をつけて測る方法です。正確に対向するのではなく、少し斜めにして、上流側から出した音と下流側から出した音の対岸へ届く時間差から音線上の断面平均流速を求めます。

# 第四章　川の流れ方

## ——ガンジス川に摩擦が

エベレストの頂上から水がワッと流れ出たとします。その水の流れを力学の公式で考えてみると（それも高校の物理の授業で習うくらいの公式）、下に流れていけばいくほど、落ちれば落ちるほど、地球の引力が加わって流れるスピードが増していくはずです。

エベレストは標高８８４８メートルと言われていますので、この高さを公式に代入すると、下流端（海）では４１６メートル／秒と計算できます。つまり１秒で４１６メートルも水が移動するのです。

ということは、エベレストから流れ出すガンジス川は、超音速ジェット機よりも速い流速ということになります。音速は、秒速３４０～３６０メートルなので。

しかし、ガンジス川は悠々と流れていますよね。いったいなぜでしょうか？　それは、川の水は特別な場合（後述）を除き、１メートル流れれば地球の引力により加わる１メートル分のエネルギーを流れの摩擦で全部消費してしまうからです。換言すれば、川の水はその位置のエネルギーを、その場その場で摩擦で消費して流れているのです。

川のどこで摩擦が発生するのか？　それは主に川床です。次に式で述べますが、水が川床と接している面が広いほど（川床が凸凹なほど）摩擦が強く働きます。それを摩擦係数という形で式で表わしています。

エベレストから流れ出す水は大きなエネルギーを持っていますが、インド洋に注ぐときには、その大きなエネルギーを摩擦で全部使い果たして、ゆっくりと流れているのです。川の流速を特に摩擦（粗度係数）との関係として、流速は次のような式になります。


川の流速ｖは勾配ｉ（傾斜の程度）と水深ｈで押されて大きくなりますが、ｎと表現された摩擦がブレーキの役目をして、勾配や水深によって速くなろうとする流速を抑えているのです。

この摩擦係数は川底の砂や礫（れき）の分布、

**流速**

$$v=\frac{1}{n}i^{1/2}h^{2/3}$$

v：流速ｍ/秒、n：粗度係数、i：勾配、ｈ：水深ｍ

つまり川底がどのくらいザラザラしているのかで決まります。普通の川では0・02から0・05ぐらいの値です。人工的にモルタルで表面をツルツルにした実験水路では0・01近くになったことがあります。凸凹の著しい川では0・04から0・05近くになります。公式集にも載っていますが、正確にはv、i、hを実測してnを求めます。

## 川幅の狭い都市河川

ところが摩擦はもう一つ別の所にも隠れているのです。81ページの式は利根川や石狩川のように川幅の広い川での話で

$$R = A \div P$$

$$\text{径深}(R) = \frac{\text{断面}(A)}{\text{潤辺}(P)}$$

R：径深m、A：断面積$m^2$、P：潤辺m

す。横断図を作ってみても、浅い部分や深い部分があって、平均したhを入れて計算すればよいのですが、東京の石神井川や神田川のように川幅が狭く直立護岸の場合には護岸面の摩擦による影響も考えねばなりません。

川の水と接している川底と側壁を足した長さを「潤辺（じゅんぺん）」と言います。この潤辺が、摩擦に大きく寄与します。厳密にはhではなくR：径深という量を用います。

自然河川では、川幅は水深の10倍以上あるものです。川幅が広いので簡略に径深を使わず平均水深としてhを用います。

この式で粗度係数nが大きいと、流速vが小さくなります。洪水中は水面が変動するので、実用的な話として、勾配iは川床高の差から求めることがあります。東京都内のJR京浜東北線より西の台地の川では約1／500、三鷹・立川のほうへ行けば1／100～1／200ぐらいになります。利根川など大河川の河口部は1／10000より小さく、ほとんどゼロです。ではなぜ流れるか？　後の感潮河川の項で述べます。勾配はその平方根で効きます。

これで摩擦の生じる川の流速が科学的に表現できました。エベレストから流れ出す川（滝は除く）が1メートルごとに摩擦でエネルギーを消費しながらガンジス川を経てインド洋へ達するわけです。数式の上では流量Q立方メートル／秒は断面積A平方メートルをこの平均流速vm／秒に掛けて求まります。Q＝vAです。

以上は川の流れを摩擦という見方からマクロに並べたもので、川の流れにはこの他にもいろいろな特色があります。

$$v = \frac{1}{n} i^{1/2} R^{2/3}$$

v:流速m/秒、n:粗度係数、i:勾配、R:径深m

## ――川幅などが変化する川

川の流れで最も基本的な性質を前節で述べました。しかし、「うちの前の川は、川幅や水深が上流から下流へかけていろいろ変化しているよ」と言う方もおられるでしょう。川幅や水深などが一定である川など、現実にはありませんが、前節の式で、断面形状も、摩擦（川床が砂とか礫とか）も、勾配も一定の河川を仮定して説明したのです。そのような川の流れを「等流」と言います。

普通の程度に断面形状、摩擦、勾配などが上下流で変化していれば、前節の式はおよそ有効に使えます。川幅や水深などが上下流で変わっている川で正確に計算したい時は、どうすればよいか？　不等流の式を使います。次に示しますが、ここでは眺めるだけで結構です。上下流から流量が変化しなくても、断面が狭くなれば流速が速くなります。そうすると流れの流速のエネルギーが増します。そのエネルギーを補うように、水位も変化します。川床の摩擦が増す川では、上流側で等流よりも水位が上がることで、その区間を水がエネルギーを増して流れます。そのことを示す式です。実際の計算はパソコンでできますし、手計算でもできます。

## 堰き止めると

これまでとは違う流れ方をする川の部分があります。それは川の中に堰を設けることです。

最も大きな堰はダムです。堰は、用水の取水などいろいろな目的で造られるため、その形状や高さもまちまちで、用途に合わせた形状の堰を造ります。日常用語として使っている「せきとめる」の「せき」は、この「堰」からきています。〝水の流れをせきとめる〟様子から転じて、〝勢いを堰（塞）き止める〟というように使われますね。

堰の目的は、川の流れを堰き止め、そ

$$\frac{d}{dx}\left(H+\frac{Q^2}{2gA^2}\right)=\frac{n^2Q^2}{R^{4/3}A^2}$$

s：流域貯留量mm、τ：時刻・時間、f：流出率（変化も可能）、r：雨量mm/時、g：流出量mm/時、k：定数25〜45、p：定数0.4〜0.6

して堰き上げて、相対的に高い所へ水を持ち上げたり、下流側へ水を流さないようにしたりすることです。川床が流水で掘られることを防ぐ目的の堰もありますが、その場合の堰造りはなかなかやっかいなものになります。なぜなら、堰き上げられた水が下流で落下するとき、川床を洗掘してしまうからです。川床が流水に掘られないようにする堰を「床がため」「床どめ」などと呼びます。昔は小規模なら下流側に粗朶（そだ）を敷いて、洗掘を防止しました。

堰の上下流で流量はつながりますが、水位は一般にはつながりません。下流水位が低い場合、つまり堰が高いと、堰という構造物の上で流速が速くなります。それを専門用語で「射流（しゃりゅう）」と呼びます。定義は長波の伝播速度より速い流れです。長波の伝播速度については、津波の項で説明します。

ダムを越流する水などは射流です。物を置いても、たやすく突き飛ばします。長波の伝播速度より遅い流れは普通の川で見られるゆったりとした流れで、常流と呼びます。堰から常流が流れ落ちて射流に変身する点の水深を、限界水深と言います。あまり目立たないので、式で説明するのは省略します。射流はどこまでも射流で流れていくわけではなく、あまり遠くない所（堰の下流）で常流に変わります。そこで波立ったり、泡立だったりして水が荒れます。これを跳水と言います。射流の持っている高速流のエネルギーを減少するメカニズムです。

ダムの余水吐（余分な水を放流する設備）の下流には、ダムから出た余水吐上の射流の大きなエネルギーを害のない形で減少させるため、跳水を起こさせるための減勢工の池があります。

このような堰は、川沿いを散歩すれば、あちこちで見つけることができます。東京都内であれば、例えば多摩川で東横線の鉄橋のすぐ下にある調布取水堰や、小田急の多摩川橋の下流の宿河原堰などです。宿河原堰はＪＲ南部線の宿河原駅から歩いて見に行けます。

新潟県の信濃川大河津分水にも小型の床止め、大形の床固めなどがいくつかあります。これらは、川の勾配が急なため、放置しておくと川床が洗掘されます。それを防止するために造られました。

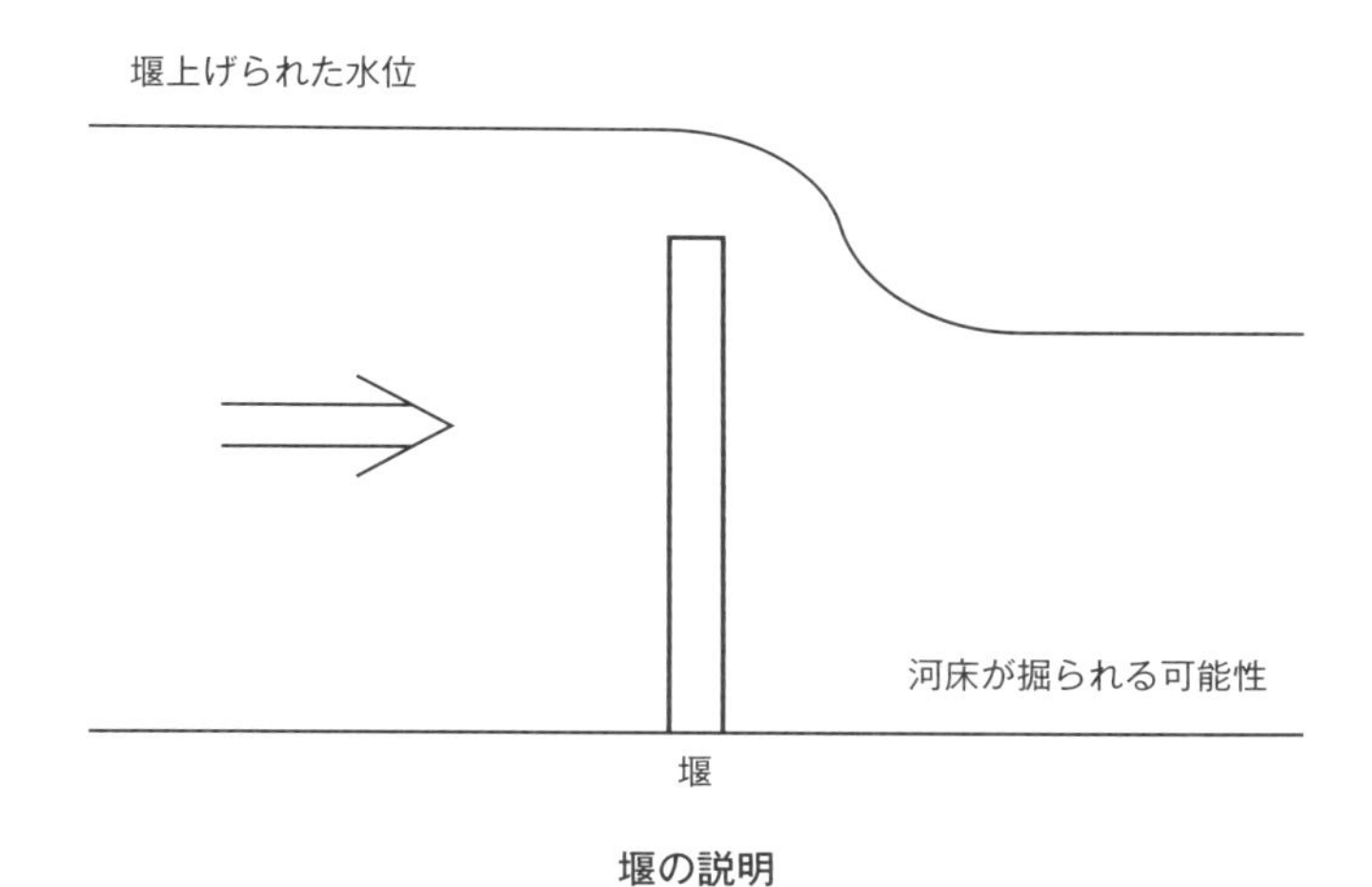


堰の説明

多摩川上河原堰
川崎の側への取水。堰上の流れ方は射流という。堰直下の白い水は跳水部分。

## 川は曲がって流れる

「川は曲って流れる」と言ったら、「直線の川だってあるよ」と反論されそうです。直線の川はそのほとんどが、人工的に直線化させているものです。自然の川は右に左に曲がって流れます。直線化の話は後でします。

なぜ川が曲がるのかについては諸説あります。川の中のある断面を設定して、そこで流速を測ってみると決して一様ではありません。流速の速いところ、遅いところが、複雑に分布しています。ちなみに、前節の式は断面について平均した流速を表わしています。

上流から下流への川の流れをまとめてみると、水の流れは不規則であり、速いところと遅いところがあって、それが左岸へ寄ったり、右岸へ寄ったりと蛇のように曲がる、いわゆる蛇行をするのです。

自然界にはこのように不規則な変動のうちから、規則的なものが生じるということがあります。例えば、水平な水面上を一様に風が吹くと、規則正しい周期の波が立つようなものです。

河川では、最初に砂州(さす)ができます。これは左岸・右岸と交互にできます。水が当たった岸では、その部分が流れに浸食され、その反対側では土砂が堆積するので、交互砂州による湾曲が出来てそれが大きくなっていきます。そうやって河道が左右に大きく湾曲して蛇行が成長するのです。

砂州のそばは水深が深く、流速が遅いです。場所によっては逆流もありえます。対岸は水が激しく岸に当たって（水衝部）、洗掘が進行するわけです。

古今和歌集でも、

最上川　上れば下る　稲舟の　いなにはあらず　この月ばかり

と謳われています。最上川は山形県を流れる日本三大急流といわれる川です。ちなみに残り二つは、長野、山梨、静岡を流れる富士川と熊本の球磨川です。

ここに謳われている「上れば下る稲舟」とは、仮に左岸の流れの遅い所を重い稲束を積んで遡っても、左岸のその先は水衝部なので、遡上ができません。そのため右岸へ渡りたいので右岸の流れの遅い所へ移ろうとする訳ですが、せっかく遡ったのに川を横断するために流れに押し戻されてしまうのです。そんな稲舟の様子を謳っている、つまり急流河川

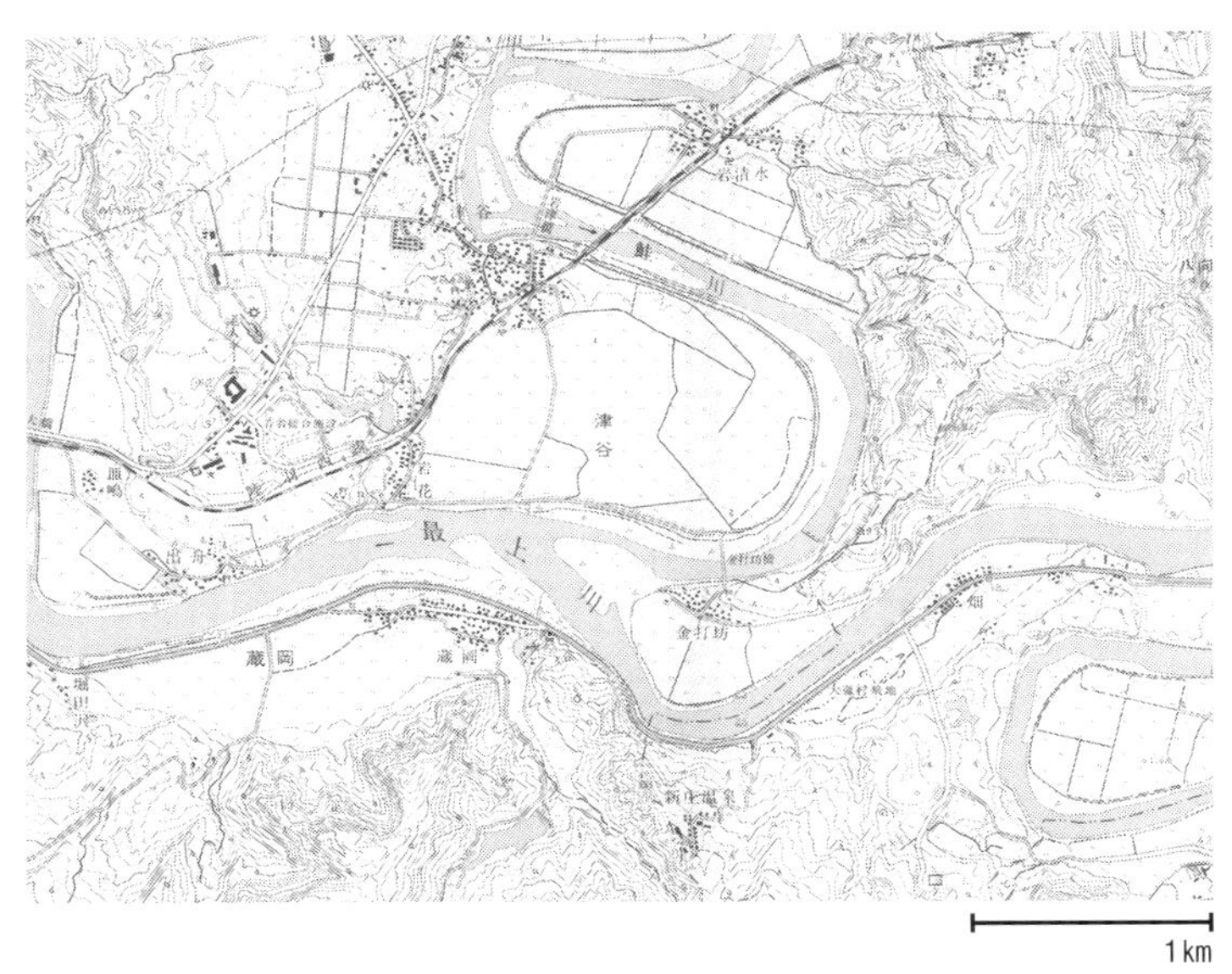


の交互砂州の働きがわかるわけです。

急流の河川でも、このように交互砂州のまわりの流れを知っていると、物資を下流から上流へ運ぶことも可能なのです。この句から、古来、河川の舟運が交互砂州の流速分布の利用から容易であったことがうかがえます。

別の例では、きれいに拭いたガラス板を斜めに置いて少量の水道水を流してみると、水は直線的には流れず、左右に振れて蛇行します。水道の水と土砂を伴う自然の河川の水との相違はありますが、水がまっすぐ流れるものではないことはわかります。

自然の河川であまり急な曲がりではなく、ゆったりと湾曲して流れる景観は「美しい日本の川」と言えます。

これまで単純に土砂を流すと述べてきましたが、土砂の粒径に着目すると流速が速い方が大きい砂礫（されき）を流しうるという性質がわかります。ただ、詳しく見るとよくわからない点も多いのです。

水に流される土砂は直径の大きなものは川床を転動します。大出水の時は水中でぶつかり合って、火花が出るとさえ言われます。やや小さなものは、乱流によって持ち上げられて流され、少し進んで川床に落ちたりします。小さなものは浮いたように乱流に押し流されます。

水の側で言えば、乱流でも何でもいいから上向きの流速成分が砂礫を動かす力のもとです。

静止した水なら土砂は沈降しますが、沈降速度は粒径で決まっています。自然の河川の水は乱流状態でなかなか沈降せず、これが洪水時の濁りとなります。河川が蛇行するとい

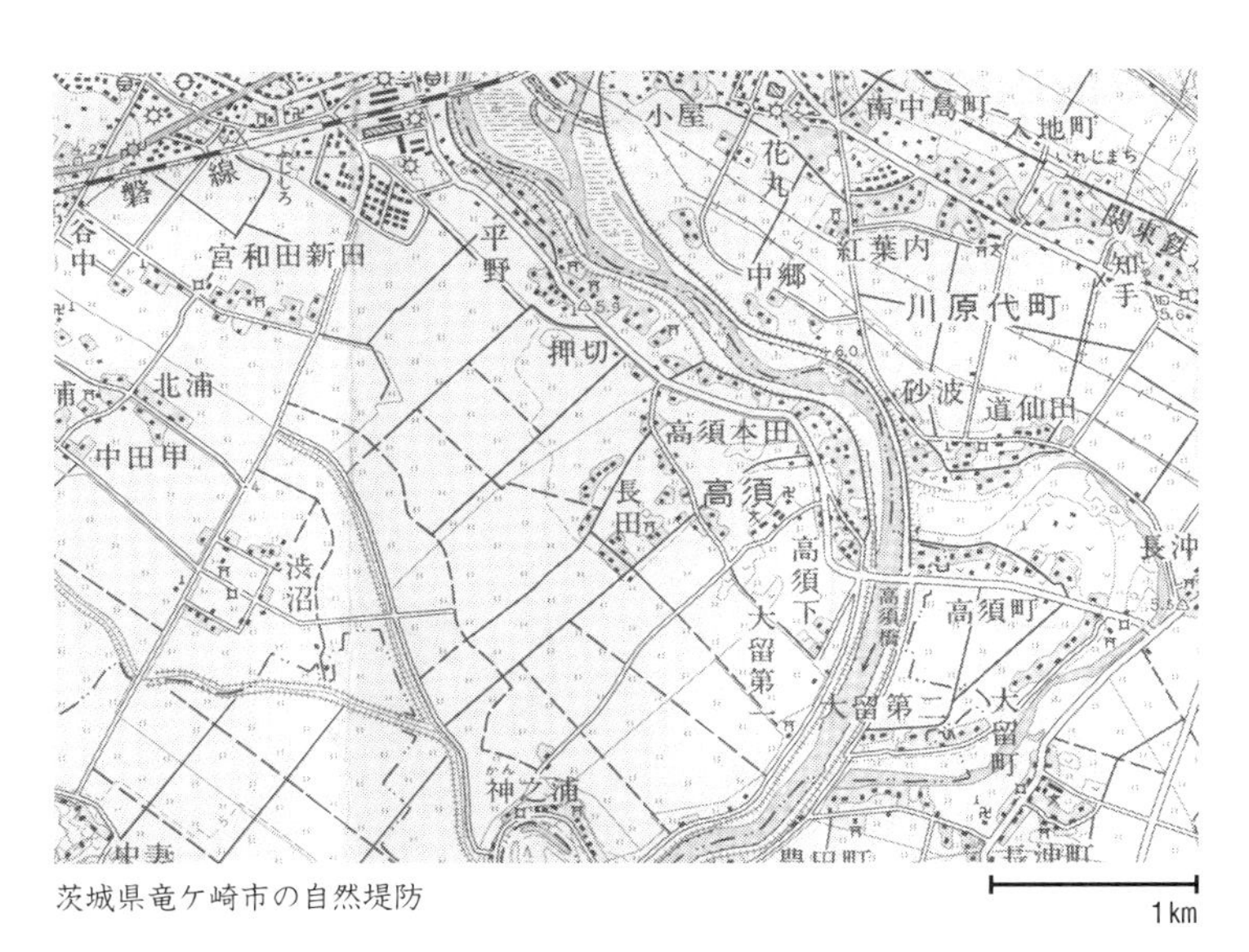

茨城県竜ケ崎市の自然堤防

うことの原因は、浸食と堆積とが左岸、右岸と交互に発生し、川が弯曲していくということです。

浸食、特に河岸浸食は、これまでにあった河岸がえぐられていくわけです。堆積は新たにものが加わるので目立ちます。洪水の後には、洪水が運んできた砂などを川の中に堆積させて州をつくります。

日本の石は石英系の鉱物が多く、白っぽいため、白い州をつくります。河を見渡したとき、白い砂州が上流から左右岸に交互に分布する景観は見事です。

堆積には、上記とは別の堆積もあります。それは河岸沿い、それも平水面より高い位置に土砂が堆積することです。これは出水時に起きます。出水により岸が高くなるということです。1回の出水でせいぜい数センチメートルのオーダーですが、それでも何十回もの出水で1〜2メートルくらいは容易に高まります。川沿いに堤防のようなものが自然にできる訳ですが、これを「自然堤防」と言います。

地図をよく見ると、水田などの平野の中にうねったりカーブしたりした民家が並んでいるような所があります。現場を歩くとわかりますが、周囲より若干高い自然堤防があり、そこは水害のリスクがいくらか低いため、農家がその上に建っているのです。

また、人工的に堤防を築くとき、自然堤防の上に造れば、それだけ工事の土量が少なく容易に造れるわけです。

周囲より高いことにより、「洪水だ」というときに、川の方（堤防の方）へ逃げろというような一見矛盾したこともあります。

では、水位が上がった時とはいえ、なぜ、河岸（高い位置）に土砂が堆積するのでしょうか。洪水流とは、水の粒子（水を粒子の集まりと考えて）がお互いに並行して流れているのではなく、渦を巻きながら流れているのです。「螺旋流」とも呼ばれています。そのため、岸近くの水は土砂を巻き上げ、岸の上に土砂が堆積するのです。

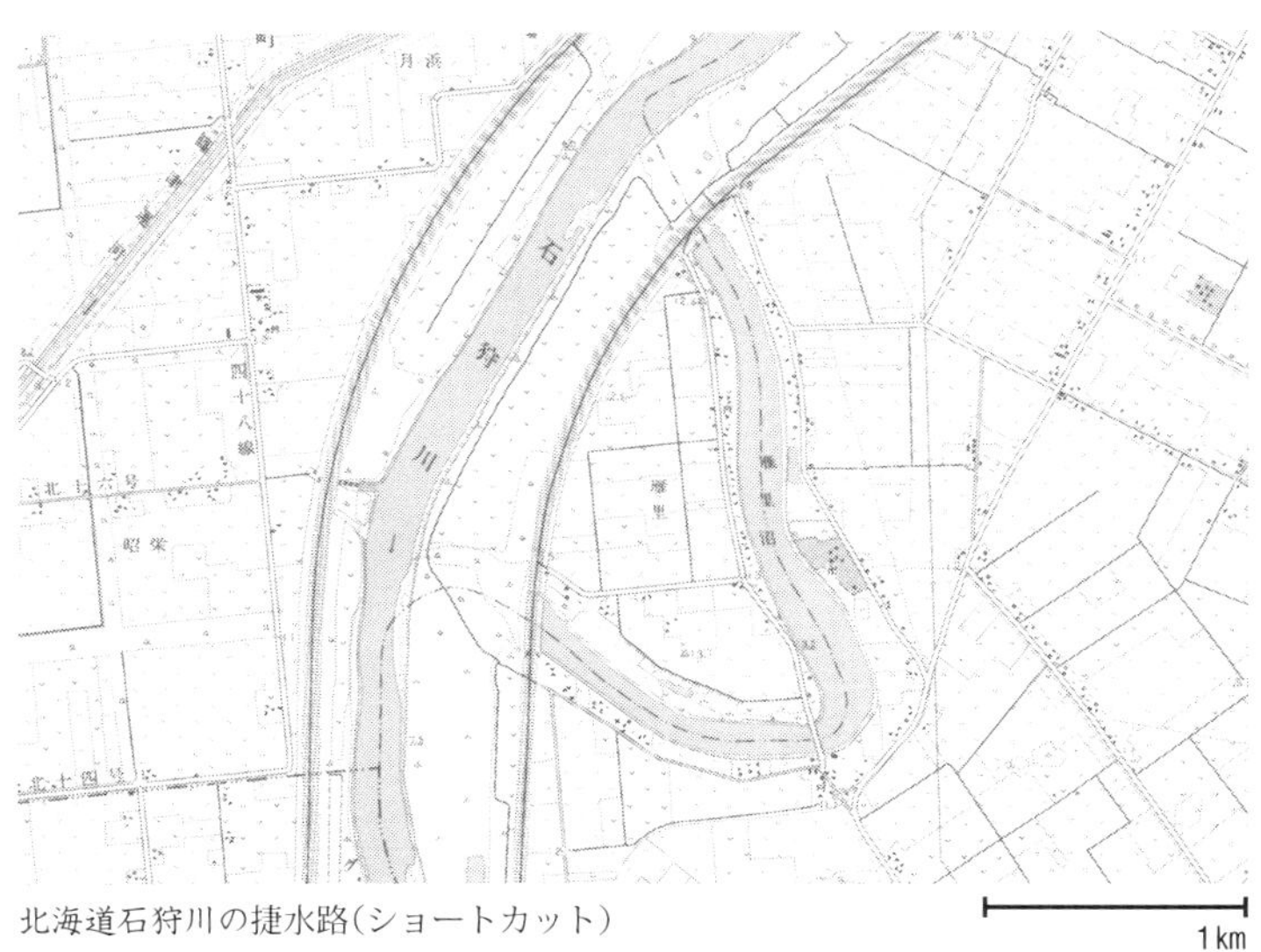


北海道石狩川の捷水路（ショートカット）

以上は平野部の蛇行河川についての話ですが、山岳地域にも蛇行河川はいくつもあります。山を簡単に削れるのか、また山の上に堆積できるのか。これは河川が蛇行していた平野が、土地の隆起で山となり、川が深く地盤に掘りこみ、周囲の平野が山岳になったということで、「貫入蛇行」と呼んでいます。

洪水処理としては、早く洪水を流下させた方が好ましいです。

そのため、曲がった部分の根本をつなぐ水路─捷水路（ショートカット）を造ります。

２０１５年に茨城県を流れる鬼怒川が氾濫して大規模な水害が発生した地域は、

鬼怒川の蛇行を捷水路化した下流の下妻市鎌庭付近でした。このように、川を直線化すれば必ず何か不都合なことが起こります。

捷水路の洪水対策上の得失は、

①川は曲がって流れようとするので、直線堤防のどこかに曲がりのため水当りが生じる。

②河道が短くなるので、ピーク流量が速く伝わる。上流から徐々にピークが低減していた効果が失われる。つまり洪水波のピークが高いままで下流に波及する。

③勾配が急になるので、流速が速くなる。これは洪水波を早く海へ流し去るという目的には合うが、堤防が高流速で壊れるリスクが増す。

④一般に新しく造られた水路は河畔林などもなく、整正されているので流れの摩擦も小さいため、流速が速くなる。

## ――汽水(きすい)しじみはおいしい！

河川や湖沼が海に近い場合、塩水が遡上してきて河川水・湖沼水の成分に海塩が混ざることがあります。それを「汽水」と言います。河川水を引いて生活用にするとき、工業用に用いるときには塩分を除かねばなりません。東京の金町浄水場では、昔、このようなこ

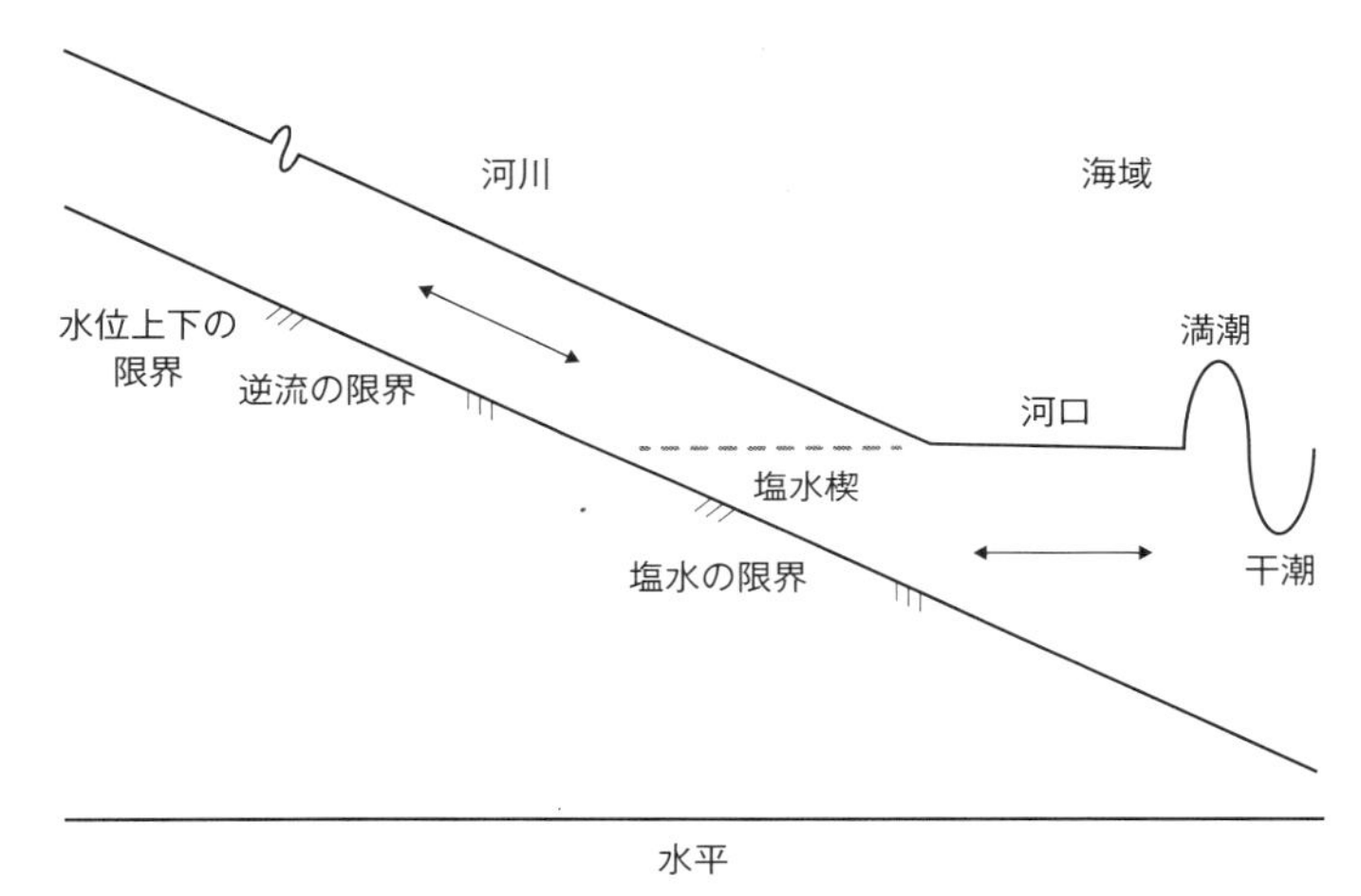


**河口付近の感潮域模式図**

とが起こりました。汽水域に住む魚介類はそれなりの種を形成し、食用としては美味といいます。汽水域のしじみは淡水しじみと違って、深みのある食感でミネラルなども豊富だと言われています。

では、河川の河口部における潮汐による順流・逆流はどうなっているのか。塩分はどのように遡上するのか。そのような河川を「感潮河川」と呼んでいます。

その前に潮汐はどのような上下をしているのか。

満潮・干潮はそれぞれ1日に約2回あり、干満差の大きい大潮の期間、小さい小潮の期間はそれぞれ月に約2回あります。満干の時刻（予測）は新聞に出ています。
感潮河川の水位と流量との関係はどうなるのか。水位を縦軸に、流量を横軸にとって、かつ、河川から海へ出ていく流量をプラス方向へとると、次の図のようになります。

A：満潮時：水位は高く、流量はほぼ0である。
B：引き潮：水位はどんどん下がって、流量はどんどん増す。
C：引き潮の最盛期：最大流量が現れ、水位はどんどん減る。
D：干潮時：水位は最も低い。流量は上流からの流量分だけ。
E：上げ潮の最盛期：最大の逆流である。潮干狩では上げ潮に早く退却すること。
A：満潮時：元へ戻った。

これは理論的にも誘導でき、水位・流量関係のA→Eは楕円を描きます。
潮汐は太陽や月の引力に拠るので、その位置関係で決まってくることです。簡単に言うと、「太陽と月が同方向にあるとき、つまり新月」と「反対方向にあるとき、つまり満月」には干満差の大きい大潮になります。その中間、つまり上弦・下弦の時は太陽・月の引力が分散して小潮となります。
月が1カ月かけて地球の周囲を周るので、新月・満月つまり大潮が全地球的に月2回発生することを示しています。

自然のままの河川では、かなり上流まで塩水が侵入します。この塩水を止めるのが「潮止め（しおどめ）」です。この〝シオドメ〟という地名は日本の各所にあります。鉄道唱歌の「汽笛一声新橋を……」の東京・新橋の「汐留」は日本で最初のステーション（停車場）ができた場所ですね。JR新橋駅には汐留（潮止め？）口という改札口があります。

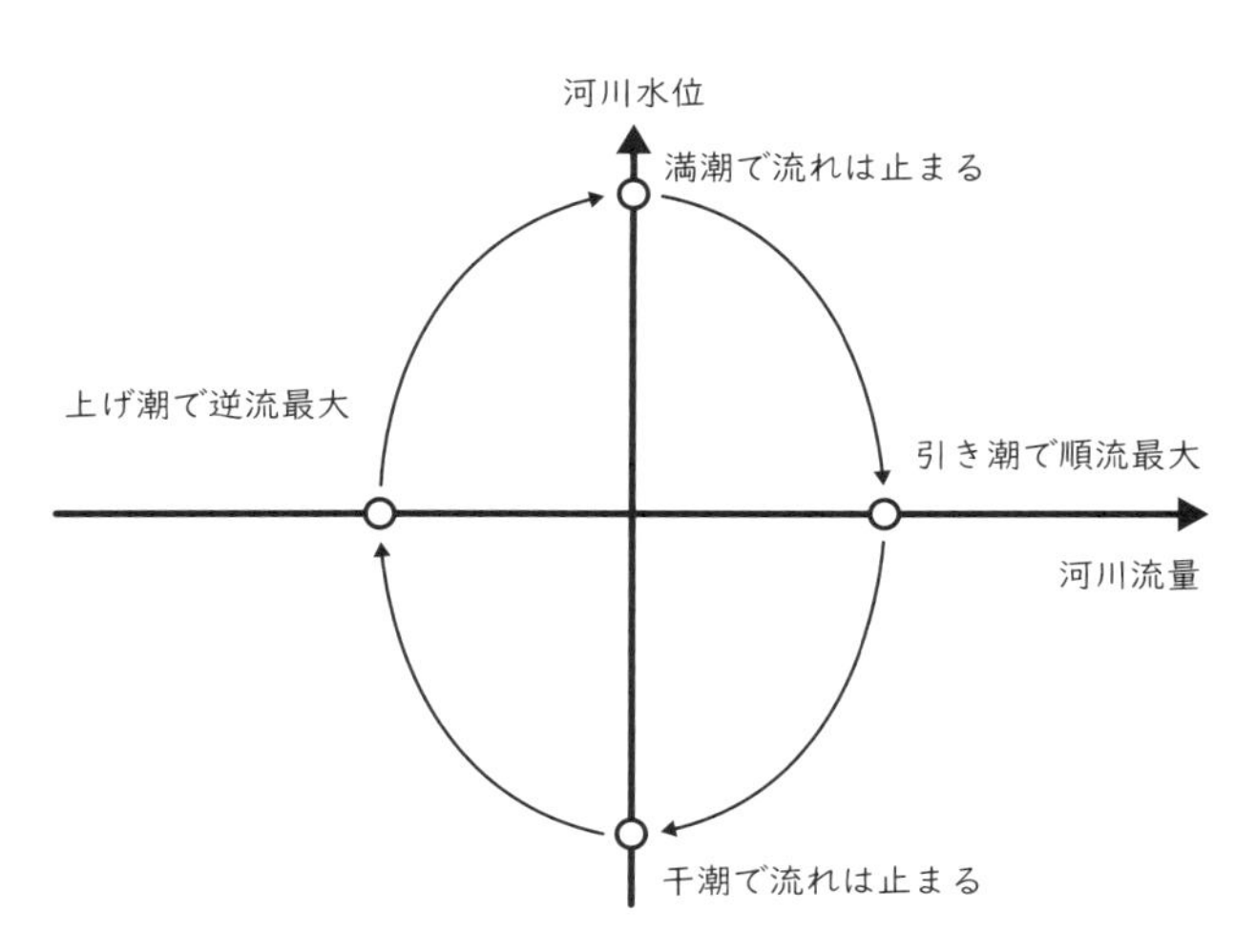

河口付近の潮汐の水位（潮位）と流量（流出をプラスとする）との変動（楕円に似た形）状況

潮を止められなかった堰もあります。利根川河口堰です。

河口から18・5キロメートルの地点に河口堰を造って、上流側に溜まった湛水を水資源としてフルに利用する予定でしたが、上流側が淡水化すると気水しじみがいなくなるので、水資源として問題にならない程度の塩水を水門をくぐって海側から入れているそうです。

満月でも新月でもいいですが、地球は1日に1回転するので、満潮2領域を1日1回転で2回通るのです。つまり1日に2回満潮になるわけです。午前の変動を「潮」と書き、午後の変動を「汐」と書きます。太陽や月の引力もそれぞれの軌道が円ではなく、楕円軌道を周っているので、月までの距離も一定ではないし、これらにさらに地形、つまり湾形・海峡・水深などの影響も加わるので、潮位の変化は複雑です。利根川河口では「日潮不等」と言って、浅い干潮（あまりにひどく水が引かない）と深い干潮（ひどく水が引く）が交互に現れます。

隅田川では河口の干満差より岩渕（河口より約20キロメートル上流で荒川からの分流点、JR赤羽駅近く）の方が大きい、つまり東京湾からの潮汐振動が成長します。もっと激しいのは有明海で、東シナ海からの潮汐振動は湾奥の六角川河口で約3倍になるそうです。

河川を潮汐が遡上する範囲については次の3ケースがあります。

### ①塩分の遡上の範囲

干潮のとき流れ出した淡水は、満潮になれば海から川へ押し戻されます。その時、川床近くでは塩水が侵入し塩水楔(えんすいくさび)という形になるのです。そこが汽水域です。塩水は淡水より重いので遡上する場合、川床近くを流れます。楔状に上流へ流れるので塩水楔と呼びます。この場合も淡水とよく混合することがあり、この場合は境界がはっきりしないので「強混合型」と言います。おいしいしじみはこの領域で成育しているわけです。弱混合型では塩水楔は塩水・淡水の境がはっきりしています。上流からの流量が大きければ塩水楔は海の方へ押され、大洪水になれば消滅します。

### ②流量・流速の逆流範囲

淡水が逆流するといっても、常時上流から流量がきていて、潮汐は約6時間で反転しますから、ある限界までしか逆流は起こりません。それが流量・流速の逆流範囲です。潮汐変動の振幅の大きさ、上流からの流量の大小によって範囲は変化します。おおよその位置はどの川でも「ここだ」と言われていますが、自然の河川では通常言われている限界より上流まで逆流が及んでいることもあるので要注意です。利根川では河口堰がなければ、布川のあたりまで観測されています。

### ③水位（潮位）変動の範囲

その昔は浅い海だった九州の佐賀平野は、長い年月をかけて川の泥を陸に上げて排水を良くするなど大変な労力で農業地を広げていった土地です。高潮などのリスクとも闘いながら開拓してできた平野ですが、ここの嘉瀬川などの河川は山地流域が狭く、十分に河川から灌漑用水がとれません。

そこで、河川水を有効に利用しようと、有明海の大きな潮位変動を利用してアオ取水という方法によって、灌漑用水を取水しています。満潮時に水面近くの淡水を取水し、干潮時には水田で利用した水を川を通して海へ流し去る方法です。

これは水位変動を利用した取水の巧みな例ですが、河川の下流部で水位と流量との関係が前に述べたように楕円状になるので、すぐにわかります。

水位計
目視で読む量水標。これが正。河川中には機械的に読む自記水位計もあり、それは副。

## 水位と水深

水位、水位と気安く書きましたが、水深とはどう違うものなのか？

水位はある定まった点から、水面までの高さの差です。水深は川なり、湖なりの水面から底までの距離です。湖では湖底の凸凹により場所によって水深が違います。共通の定点から測れば、湖の水位は北岸でも南岸でもどこでも同じ値です。

では、川の水位はどうやって測るのか？

それは、川に杭を打って、それに折尺なり巻尺なりを貼り付ければよいのです。

しかし、永続的に水位を測り続けるのな

ら、その0点をしっかり決めておかねばなりません。付近に標石を置いて、それから5センチメートル高いのが折尺の0点だというように記録しておかねばなりません。

折尺ではなく、プラスチック板や鉄板に焼き付けた専用の目盛版の測定柱を量水標と呼びます。標石は堅固な岩石や大きい建物の基礎でもよいのですが、測量の水準点に用いる標石がよいのです。水準拠標と言います。

明治の初年に日本へ技術指導に来たオランダ人技師が、日本の主な河川の河口付近にこのような量水標と水準拠標を置いて、河口潮位を測るように決めました。東京・中央区の隅田川河口霊岸島にアラカワP、江戸川の現在のディスニーリゾートのそばの堀江にエドガワPを設けました。0点を付近の住民に訪ねて最干潮位より少し下に決めたそうです。Pとはオランダ語の peil のようです。

他の大河川、淀川、吉野川、北上川などでもそれぞれ河口部で最干潮位より少し下に0点を決めたようです。大河川の河口部は、当時、港湾としてよく利用されていたため、および防災上、洪水、高潮対策のためと思われます。

霊岸島での0点をAP、堀江の0点をYPと名付けています。APの満潮位、干潮位を測ってそれぞれ平均化して、それを平均したものをＴＰと名付け、東京湾中等潮位と呼びます。それの標石は川沿いではなく、国会議事堂のそばに設置されています。

後になって淀川、吉野川、北上川などの０点高をＴＰで統一して、全国の河川のみならず、山岳や一般の土地の高さを測っていきました。それを海抜とか標高と呼んでいます。

ところが、例外が２か所あります。東京都は今でもＡＰを、利根川では今でもＹＰを使っています。ですから神奈川県がＴＰを使って表した標高と東京都がＡＰで表した標高とは同じ山でも堤防でも

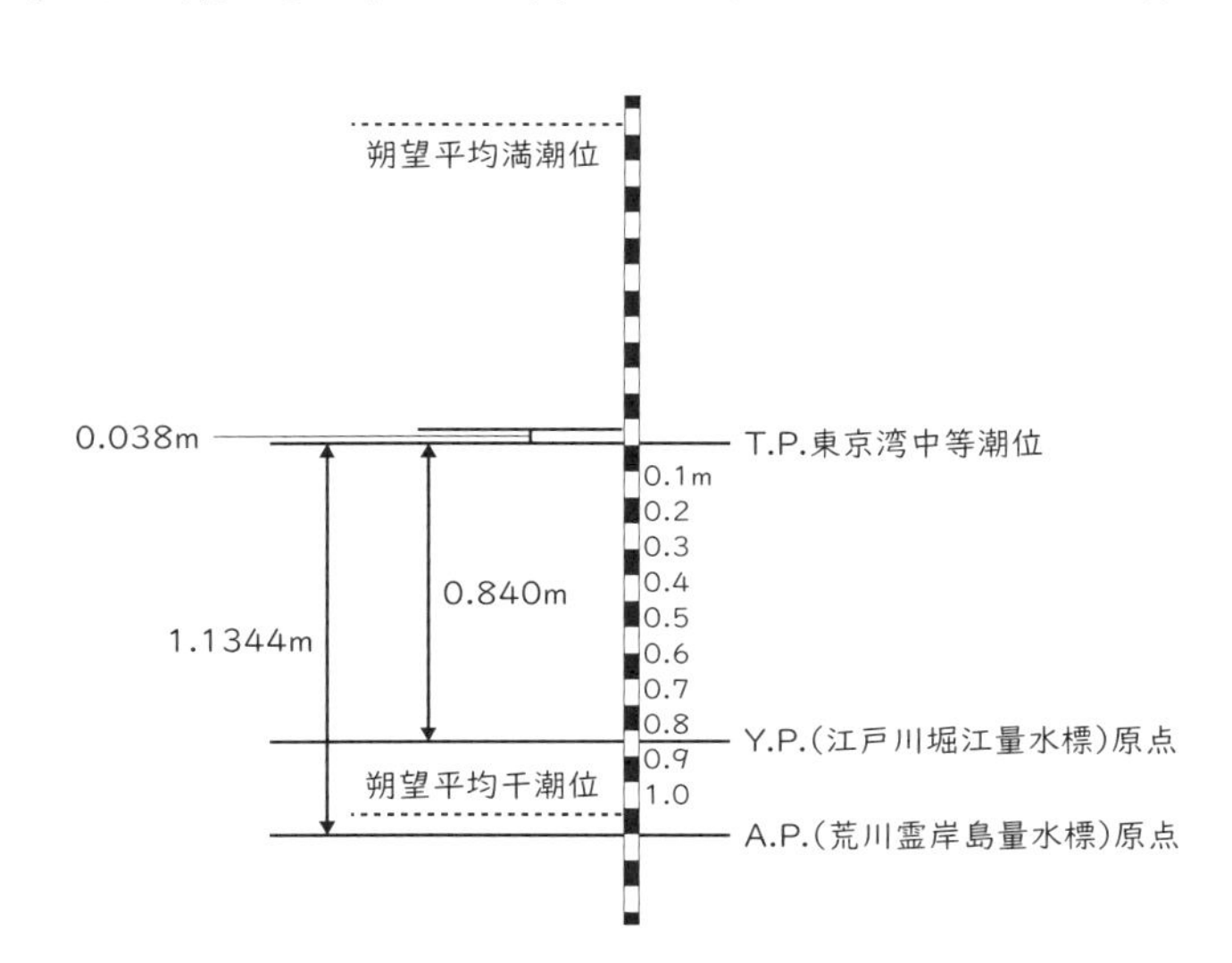


東京における水位観測原点の相対関係〔昭和44年、潮位表、気象庁による〕

数値が違うということです。

もう一つ注意すべきは、東京のゼロメートル地帯です。万一破堤して海水が浸入したとき、ＴＰでのゼロメートルなら干満の平均がゼロメートルなので、１日のうち半分は海面上に出ていますが、ＡＰでのゼロメートルなら１日24時間干潮位以下、つまり乾くことが全くない水没した土地だということです。

## ――水位を測る

水位を測る水位計は2種類あります。一つは、水中に立つ柱に量水板を貼り付けたもので、量水標とか普通水位計とか呼んでいるものです。人が目視で目盛を読みます。基本的な水位計です。もう一つは、左記で順に述べていきますが、各種の機械で水位を測り、自動的に記録する自記水位計です。これは副です。量水標と自記水位計の観測値が一致しなければ、自記水位計を量水標に合わせます。

## 自記水位計のいろいろ

**①フロート式：**川岸に井戸のような筒（管）を立て、その中へ河川水を導き入れ、その水面高をフロートで測ります。フロート式は純国産の水研62という機種があり、二つペンがあって、フルスケール10メートル、最少目盛1センチメートルです。もとはアメリカなどのフロート式験潮儀を輸入していましたが、1962年に建設省内の有志の水文研究会が改良に改良を重ねて造りました。筆者もアフターケアの段階でお手伝いしたので、親しみを持っています。欠点は井戸の底に土砂が溜まると、フロートが動かなくなることです。

**②気泡式：**圧力容器から減圧した気体をノズルを通して水中へゆっくり放出します。その時の気体の圧力はノズルの水深に比例します。日本では気体としてプロパンガスを用いていましたが、ドイツでは窒素ガスを用いていました。電気がきていれば、エアコンプレッサーで圧搾空気を作ります。プロパンボンベを使えば商用電気のきていないところで使えます。欠点としては、ノズルまでのパイプに水が溜まって欠測する可能性があることです。

**③圧力式：**以前は、水中に設置した受圧ベローズを用いました。また、差動変圧器でベ

ローズから圧力を取り出しました。今は水圧を水晶振動子に伝え、その固有振動数を測って圧力に換算しています。

**④リードスイッチ式：**川の中に塩ビ管を立て、その中の片側に小さい磁石のついたフロートを水位によって上下させます。1センチメートルおきにリードスイッチを上下に並べ、磁石で通電状態になったリードスイッチを検出して、磁石がどこにあるか、つまり水面がどこにあるかを検出します。

**⑤電波式・音波式：**定まった高さから電波を水面に向けて発射し、返ってくる時間から水面の高さを知ります。電波の代わりに音波を使う物は音波式水位計と呼びますが、音波は空気中で気温によって音速が異なるので、その補正をします。

## ――水位流量曲線

流量は流速と断面積とを掛けたものですから、川幅の広い短形（長方形）断面の河川では、流量は水位の5／3乗に比例します。流量観測では得た流量を、習慣として縦軸に水

観測井(フロート式水位計を入れる)
多摩川田園調布観測所
今、他ではもっと小型の高舎がある。高舎の上に雨量計がついている。

フロート式水位計
水研62
プーリーの下には水位を見るフロートがある

リードスイッチ式水位計
右側の筒の中に設置されている

超音波式水位計
お椀型の送波器から超音波を下向きに出し、水面から返ってくるまでの時間で水面までの距離を求める。

位、横軸に流量をとって方眼紙にプロットすると、ほぼ放物線になります。これを作っておけば、水位だけを常時測っておいて流量を常時算出することができます。流量を求めるのによく用いる方法で、水位流量曲線と呼びます。

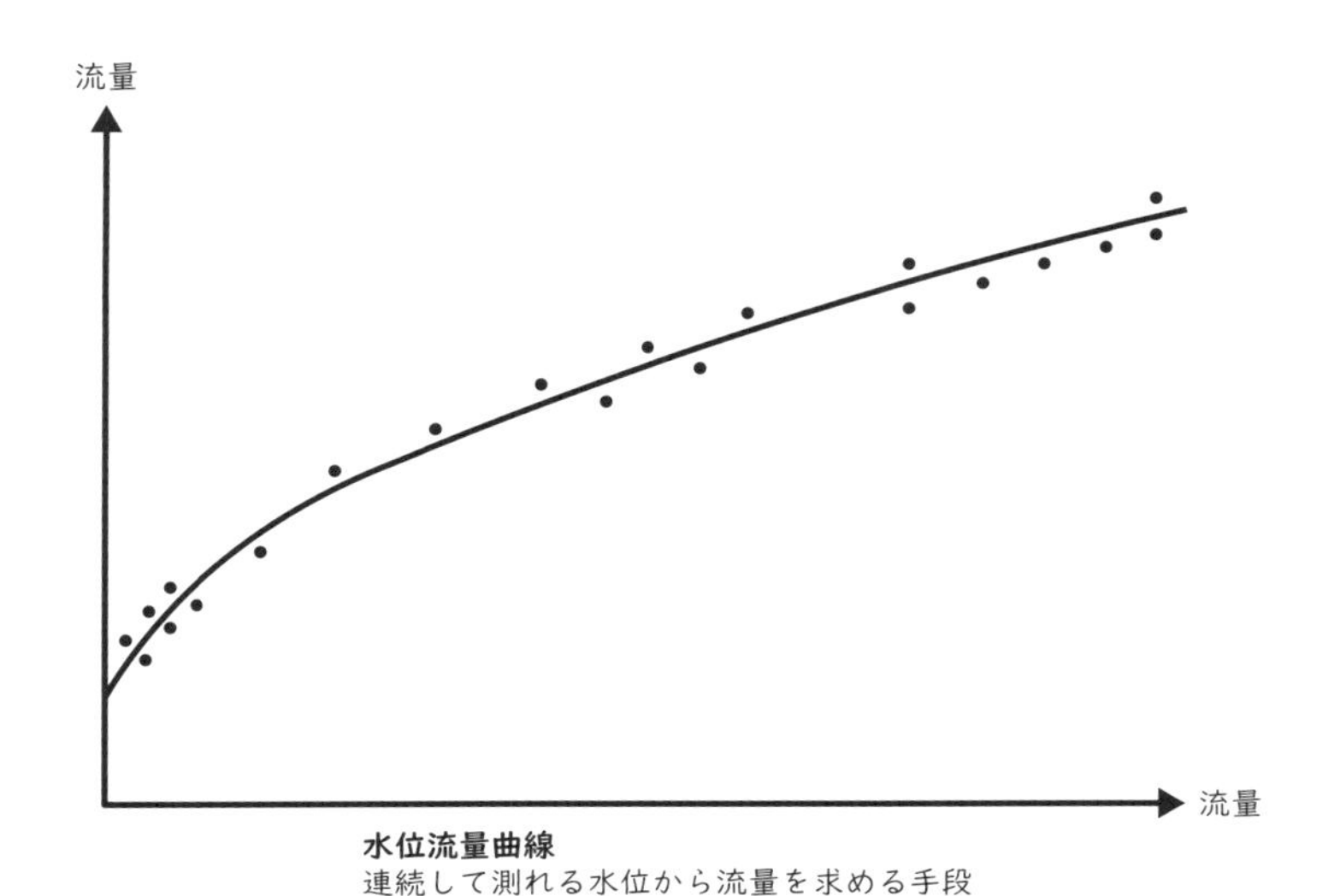


**水位流量曲線**
連続して測れる水位から流量を求める手段
点は実測値による。曲線は点から作成する

# 第五章　街と川

## ――まずマイホームを

第二次世界大戦に敗れてから、人々は苦しい生活を強いられました。都市では四畳半一間で家族全員が暮らすというような例があったように、住宅事情は極度に悪化していきました。

戦災で家を焼かれた人、農地に限界があるため農家の二、三男で都市へ出て働かざるをえない人がたくさんいました。そんな状況で、どこに住居を見つけるか？ それは地価の安い所、つまり水害を受けやすい所でした。

東京で言えば、そのような土地は2種ありました。

一つは隅田川の東で、地下水を汲みすぎたため恐ろしい地盤沈下を起した土地。もう一つは武蔵野台地の一見安全そうな土地でした。これを注意して見ると、武蔵野台地によくある窪地（クボと呼ばれる。例：オオクボ、オギクボ）や浅い谷などで、都市化しなくても雨水が溜りやすい所です。つまり地主はその土地を手放したがっていました。地価が安いので、東京へ移住流入して来た人が家を持ちやすい所だったのです。また、そのころは河川整備も十分ではなく、ましてや下水道整備は遠い先の話でした。したがって、窪地に溜まった水はなかなか引かなかったのです。

それでも人々は安い土地を求めるので、一見、水害のないような台地でも水害リスクの高い所から都市化が始まりました。板橋区、練馬区、杉並区などの窪地です。

屋根を作ると雨水はどうなるか？　屋根がなければ、地面に容易に浸透します。屋根によって雨水は浸透せず、その付近に散らばります。

戦後間もなく、下水道は東京都心には敷設されていましたが、今述べている郊外にはまだ普及していませんでした。

もともと窪地や浅い谷ですから、屋根からの水は付近に溜まります。あるいは、エビ、メダカ、コブナの群が泳いでいたような『春の小川』（東京・渋谷にかつてあった渋谷川がモデルと言われる小学唱歌）へ流れ込んでもすぐに溢れます。というわけで、都市郊外の小川では氾濫・浸水が続発しました。

小川の氾濫対策としては、下水道の普及と、小川を拡幅して、溢れた水をのみ込んで下流へ流し去る方法が考えられました。

そのころ、河川で生活廃水や工場廃水を受け入れたため、河川は極度に汚染されました。当時、建設省河川局の高官は「何でも受け入れて、海まで流し去るのが河川である」と発言していました。

水質については別に述べますが、この当時の都市内で河川を拡幅するのはほぼ不可能でした。なぜなら、都市内で用地を取得するのが困難だったからです。『春の小川』に出てくる渋谷川もＪＲや東横線などの渋谷駅周辺をご存じの方ならわかる通り、川を広げられる土地はありません。

## 下水道は役に立ったのか？

下水道は都心の一部では古くからありました。主として道路の下の地下空間を利用していました。

河川はもともと自然物ですが、下水道は１００％人工物です。河川があふれても自然現象の一部と見なされますが、もし、下水道があふれたら人為的な現象と見られます。といっても一本一本の下水道を闇雲に大きくするわけにはいきません。

横越流口

1970年ごろの東京の下水道では、家庭や町工場などの雑排水（汚水と呼ぶ）を流すように設計されていました。そのため、そこへ雨水まで入れたら、パンクします。考え方としては、晴天時の汚水の3倍を超える流量になったら、下水管の中を流れる水（汚水＋雨水）は横越流で川へ流すと決めました。

このように汚水と雨水とを併せて流し、その量が増えたら河川へ捨てるという方式を合流式下水道と呼びます。これに対し、汚水は汚水管に流し、雨水は雨水管に流す方式を分流式と呼びます。分流式下水道の雨水管は第二の河川あるいは、人工の河川とも位置づけられます。

晴天時の汚水の3倍量になったら、汚水管から河川へ汚水を流すと言いましたが、その見積もりが不正解だと、ちょっとした雨で汚水が川へ流れ込むことになり、川の汚染が急速に進みます。また、下水道からの横越流の出口が河川断面の中で低すぎると、河川水が下水道へ流入することになり、これも困りものです。

読者の皆さんも近所の都市河川で横越流口を見てください。河川に対し、うなずける高さですか?

下水道が家庭の雑廃水の処理だけではなく、雨水の処理も分担することになると、どれくらいの再現確率の雨量まで処理できるかに関心が向きます。もちろん、降雨特性や下水管の規模などによってまちまちですが、3年から5年に一度が再現確率と言われていました。別章で述べますが一級河川、いわゆる大河川では100年に一度ですから、下水道は大分安全度が低いと言わねばなりません。しかし、浸水の大幅な減少に有効でした。

都市を造ると河川における雨水流出が、どのように変化するかを基本的に調べる必要がありそうです。それには単に「近ごろ、洪水が増えた」などという感想ではなく、何らかのデータが必要です。

## ――都市化によって本当に洪水が激化するのか

たまたま、東京の北部を流れる石神井川で１９５６（昭和31）年ごろ東京都が流量を観測していたのを知りました。その後、東京都は観測をやめていましたが、建設省にいた私は、東京都にお願いして同じところで観測をすることができ、幸い、１９６１（昭和36）年に前と同じくらいの洪水が観測できたので比較しました。

都市化現象とは、浸透域の減少による流出率の増大かと思っていましたが、この場合は、流域貯留の影響が強いようでした。そういえばそのころ、雨が降ると道路の排水溝が十分でないので、あちこちに水溜りができて、車が道路を走ると水しぶき（泥しぶき？）が飛んで大変困ったことが印象に残っています。私は当時、これらをまとめて国際学会で発表しました。それは、世界的にも都市化による流出変化の研究のはしりでした。

ところが、都市化現象は思ったほど急速には進みません。また、石神井川とは別種の都市化も見たかったので、当時の日本住宅公団が、東京西部にて「多摩ニュータウン」を大々的に土地造成すると聞き、ここの一部をお借りして、関東地方建設局、東京都建設局、住宅公団、土木研究所（いずれも当時）が共同して、都市化する河川の調査を始めました。

多摩ニュータウンは多摩丘陵の一部で、表層は箱根や富士の火山灰が積もってローム層を形成しています。ここの約35平方キロメートルの山野を切り開いて約35万人を収容できる都市が計画されたわけです。全体には勾配のある土地ですが、道路、鉄道は計画的に造り、約1平方キロメートルごとの区画に小学校2校、中学校1校を設けました。

下水道は主として分流方式を採用し、家庭雑排水渠と雨水渠とは分離して設けました。しかし、雨水渠に入ったところ、強い家庭排水的な悪臭を感じました。

土地造成中、保水力のある表土をはいでしまうので、雨水流出率が増します。住宅公団はそれを心配して、下流の河川と下水道が完備するまで、防災調整池が必要であるということになりました。

この防災調整池の設計の基本を筆者らが作りました。それは次のようなものです。

①小雨ならば雨水流出が増しても実害はない。

②計画降雨より若干下回る雨は頻度も高いし、流出率が変化しやすい。ゆえに流出率増分

に雨量を掛けた分を貯蓄するような取入口を設けて、増加した雨水流出を一時貯留する。

③計画を越える大雨に対しては、どのみち氾濫するのだからあえて手は打たない。ただし、池の堤が壊れたために洪水波が人為的に発生したということにはならないように。

④出水がすんだら、なるべく早く池の水を自然排水して次の大雨に備える。

⑤土地造成がすみ、下流の河川・下水道が完備したら、役目を終えたとして池を埋める。

このようにして造った防災調整池は、洪水時に効果を発揮したようで、これらにならいこの後の土地開発に際しては、永久構造物、防災調整池が全国に多数造られるようになりました。これは、後になって言われるようになった「総合治水」という考え方のパイロット的な方法でした。

大雨が降ったときには都市化で雨水の流出率が増しているので、それが河川へ入って洪水となります。かつてはそれをダムなどでいったん河道内に溜めるか、堤防を高くするか、放水路などで安全に早く流し去るかの3方法で処理していたものを、河道だけではなく、流域でも処理しよう、つまり、総合的に洪水対策（治水）しようという懐の深い考え方が導入されたということです。

防災調整池を1個造ったから大いに効果が発揮されるかというと、そういうものではありません。防災調整池の流域における全容量を流域面積で割ると、流域平均の水深となります。それがほぼ30ミリ以上ならそれなりの効果があると言えます。

## 都市のリスク

マイホームを購入しようとしている人へお伝えしたいことがあります。マイホームは人生一度の大買物だから誰もが慎重になります。そのときに水害のリスクも考えに入れることをお勧めします。

全国の各市町村（東京23区では区）で

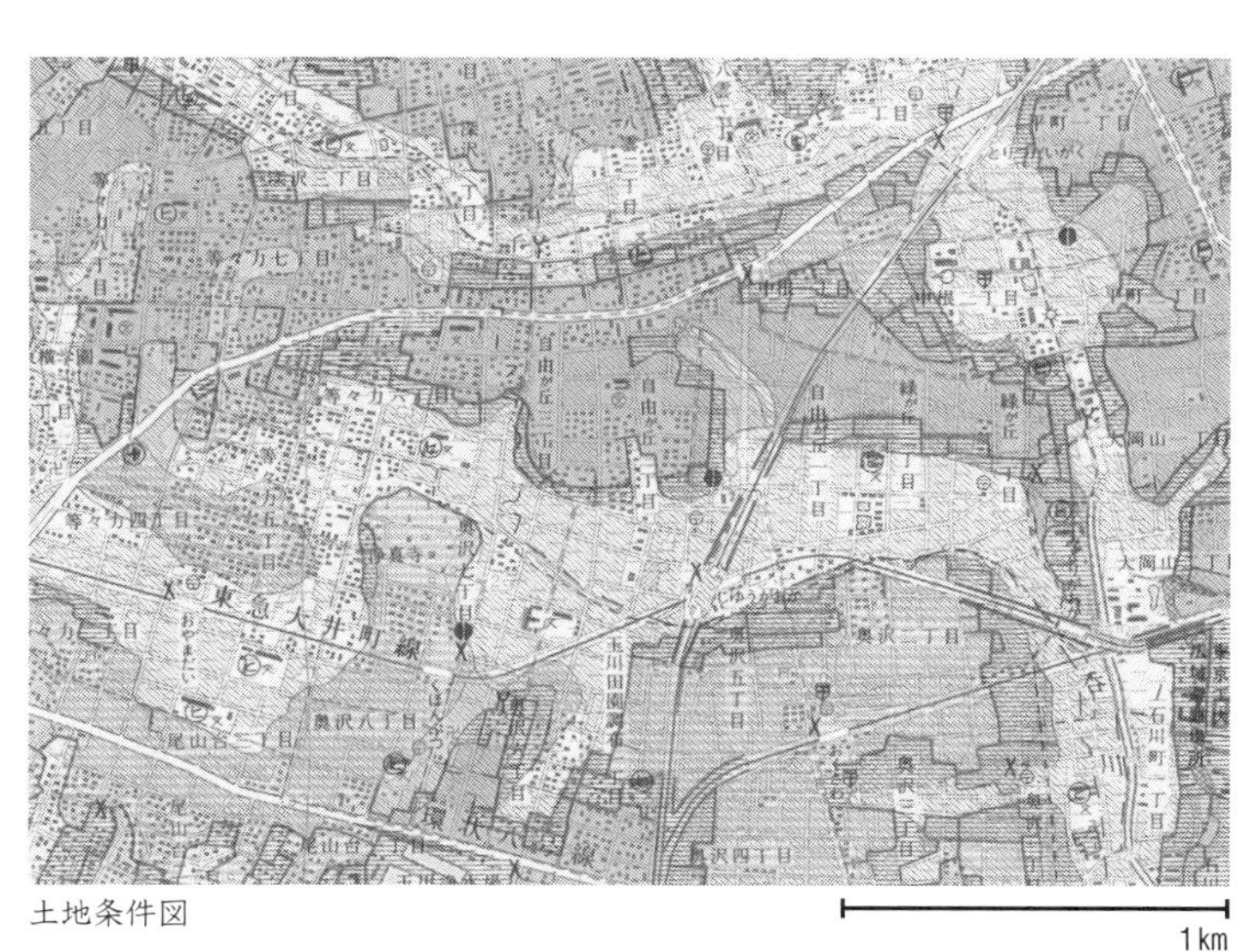


土地条件図

は、水害ハザードマップを発行しているはずです。役所でもらうのが手っ取り早いです。地図の上に色で水害時の予想水深が示されています。水深が50センチメートル以上の深さになるという色の所は注意しましょう。ただし、浸水実績と合わない例もあるので、検討しながら利用しましょう。

浸水がおよそ50センチメートル以上は床上浸水となります。50センチメートル以下であっても、外出などには胴長（胸当て・ズボン・靴が続きになったゴム製の衣服）などに身をかためて冠水した道路を歩かねばならないという危険があります。通勤、ショッピング、駅へのアクセス、その他の条件も加味せねばなりませんが、そのような時は、外出はやめた方がいいでしょう。

国土地理院が発行している土地条件図という地図があります。航空写真と現地踏査（現地に赴いての調査）などによって作成された大変詳しい地図です。絶対的な標高のみならず、そこがどのような成因による地形かが示されています。平野でも自然堤防や砂丘などが示されています。そのような土地は、周囲に比べて水害に対し安全です。地形からみて、水がつきやすい所、地表が軟弱地盤の所などもその地図で識別できます。役所などでもらう水害ハザードマップはコンピューターで描いていますが、土地条件図は手書きされています。絶版の区域もあるので、地域の図書館などで閲覧するとよいでしょう。

国土地理院はこの他にも、水害を示唆する有益な地図を多く発行しています。例えば、明治期の低湿地図です。内水はもちろん、地盤沈下、地震による液状化など、リスクと判断される要因が数多く示されています。

もし、ハザードマップも土地条件図もなければ、国土地理院からダウンロードして、明治末から大正へかけて発行された地形図の複製図（５００円）を購入してください。

そして、マイホーム予定地が、

①凹地か、凸地か、傾斜地か、台地か。

②地表は以前は沼地か、水田か、桑畑か、針葉樹林か、広葉樹林か。

などを見分けます。この分類では上の記載ほど要注意です。

マイホーム予定地を古い地図上で特定するには、道路、鉄道などの目印が今とまったく違うので、神社・寺院・小学校の位置から決めるとよいでしょう。

## ――河川と下水道の水質

新しく造成する土地で、防災調整池を造る土地があればいいのですが、既成の大都市では土地の取得は困難と思われます。この場合、公共の建物、道路、公園などの公共物の下、つまり地下空間を利用したり、民間の大規模宅地造成に際して、一定の割合で貯留浸透施設を造ったりすることになっています。


河川と下水道との関係はどうなっているのでしょうか。

河川も下水道も降った雨を無事に海へ流し去るのが目的ですが、下水道は家庭からの排水や工場廃水などを併せて流していて汚れているので、処理をしてから海や自然河川へ流しています。

その処理とは、一次処理として除塵と浮遊物・沈殿物の除去をします。二次処理として、水に溶けている汚濁物質を「活性汚泥」と呼ばれる微生物の集団に食べさせて分解します。具体的には、下水を一次処理の後に大きな水槽に入れ、活性汚泥を加えます。微生物は汚泥物質を食べて分解します。浄化の指標ＢＯＤ（１３４ページ）を下げます。活性汚泥（微生物）自身は増えますが、水はきれいになるので、上澄水を海や自然河川へ放流し

都市河川の都市内放水路ののみ口

ます。

底に残った活性汚泥の一部は次に水槽で利用しますが、大部分は乾燥し、ケーキ状にして廃棄するか燃焼させます。水自体はきれいになり再生されたわけで、衛生上問題のない用途、例えばトイレ用水などの雑水用に使えます。

しかし、窒素化合物や燐化合物（りんかごうぶつ）は完全には除去できません。そこで高度処理と呼ばれる手法で浄化します。窒素や燐を含んだ二次処理水を「活性炭」という素材の間を通して、除去すること等を「高度処理」といいます。

これまで街のトイレ事情は次のような

経緯をたどってきました。

トイレのことを昔は厠（かわや）と言っていました。厠は、小川の上に板を渡し、そこで用を足したので、初期の水洗便所と言えましょう。そんな厠は、衛生上の理由から姿を消し、代わって何軒かで共同で便壺のあるトイレを設けました。屎尿（しにょう）は自分の畑の肥料に利用しました。

東京では、昭和初期まで屎尿は近郊農家が肥料として持って行き、野菜などを返礼として提供していたので物質循環がきれいに成立していました。太平洋戦争前の東京西郊の話です。

ところがその後、街の住居が増え、屎尿の供給が増えたために農家は金品を払わなくなり、ついには街の住家が一荷いくらと料金を払うようになり、近郊農家も畑がなくなると引き取らないようになったので、東京市（大正から昭和初期のころの東京）が人を雇って汲取をしました。市役所は、海洋投棄船に屎尿を積み換えて、太平洋へ投棄しました。東京都になってからもそれは引き継がれました。積み換えの場所の一つが、現在の東京都文京区の御茶ノ水駅西２００メートルぐらいの場所にあり、当時は芳香（？）を発散させていました。こうした積み換えの場所は、１９６０（昭和35）年ごろより下水道が普及したためなくなりました。

## 川をきれいに

河川の水はいろいろなものを溶かしたり、コロイド状に含んだりしています。ですから、水質の良し悪しはいろいろな物質について論じなければなりません。

### ①人間活動に係わりなく自然的なもの

この極端な例が温泉です。湧き出した温泉水は河川へ入りますので、河川としては水質が悪化（溶存物質が増える）します。例えば、群馬県草津です。泉源から大量の酸性水が湧出します。入浴用には喜ばれますが、このままでは下流の吾妻川の魚類にも有害ですし、潅漑用水にも使えないため、国土交通省はミルク状にした石灰で酸性を中和しています。

元を正せば、草津白根火山の旧火口の一つから湧き出している地下水が、川へ入っているところです。火山の地下水から湧出する酸性水などは大量で、河川を酸性化しますので、問題は大きいのです。これとは別に、石灰岩地帯から流出する地下水によって、いわゆる「硬水」と呼ばれる水による河川水が日本にも一部存在しますが、ヨーロッパには多いようです。

## ②泥炭地帯の川

泥炭とは水生植物が倒状し、腐蝕堆積した地層で、北海道の石狩平野などに広く分布します。そこに流れる川は、泥炭から溶出したフミン酸などの有機酸を含み、赤茶けた色をしています。泥炭は関東平野でも見られるので、関東の河川でもこのような有機酸の河川がありそうです。

## ③人間活動によるもの

### A：生活用水によるもの

水は化学反応を助け、また物品の洗浄などに用いられます。それによって水は汚れ、汚れた水は川へ排出されます。そのままでは川が汚れます。

ですから、人間活動がある限り、川が汚れます。生活用水から川を汚すものとして、いずれも主に有機物として次の3種類があります。

㋐食物関連：料理に伴う廃水。食品加工。例えば、街の豆腐屋さんが大豆から固体の豆腐にするときに発生する豆乳は、大変濃い有機質の水です。食品加工の過程から出るわけですが、簡単に川へ流すわけにはいきません。
㋑排出：生態系より排出されるもの、風呂の排水、し尿など（前節参照）。
㋒洗滌：掃除、洗濯、洗車。

**B：鉱工業活動によるもの**

化学反応を促進させるための水溶液、冷却水、洗浄水、放射性物質、金属イオン、有機物……それらで人間とのかかわりが最も大きいのは有機物ですが、電線加工工場から電線を洗った後のPH（ピーエイチ、ペーハー）の極端に低い水もそのまま川へ放流してはいけません。中和処理をしてから川へ放流すべきです。この他には、水銀、シアン、ベンゼン、PCB、六価クロムなどがあります。

鉱工業の排出物などで、人体に及ぼす悪影響には注意しなくてはなりませんが、どこにでも出てくるというものではありません。

下水処理場（水再生センター）ではBOD（134ページ参照）を低下させるよう、また窒素・燐を除去するようにしています。BOD対策はかなり成果が出ていますが、窒素・燐の除去率は良好ではありません。下水処理場から出た水も悪臭がするというような非難も上ってくるのです。

水質といったときに、ＢＯＤ、窒素、燐などは、人体に直接影響する要素ですが、分析や検出に手間のかかるものと、物理化学的な要素で人体には間接的に影響するが、自動計測しやすいものとがあります。後者の側ではＰＨ、溶存酸素、電気伝導度、塩分、水温、比重、濁度などがあります。連続観測をしていて、これらの値が変わったときには、工場廃液の不法投棄が疑われたり、水の環境の激変（例えば海水の異常な流れこみ）が懸念されたりします。直ちに原因の調査と防止対策を考えねばなりません。

水質の変化は河川の環境として深刻です。悪臭、色の悪さ、ゴミ、スカムなどとともに住民の怨嗟の的です。さらにカシンベック病のように飲料水の中にまぎれ込んで骨の成長を阻害したりする物質もあります。有機水銀が溶け込み、それを食べた魚などを食べて、イタイイタイ病を発病したりします。

## ④農業の排水

水田に引いた水はもともと下の水田で再利用されてきました。何回も利用すると汚濁されて、昔から「悪水」と呼ばれてきました。上流から清水を取り入れる水路と悪水を集めて捨てる水路とが並列して設けてある地域もあります。悪水には農薬も入っています。どのくらいの濃度なのかわからないので要注意です。

## 有名な水質指標

水質の指標は何百種類もありますが、その中でも、特によく使われる指標に次のようなものがあります。

### ①BOD(生物化学的酸素要求量)

街から出る汚濁物はほとんど有機物です。ただし、有機物と言っても、その種類は多様ですので、それを一つ一つ分析するわけにはいきません。それら有機物を一括して微生物に食べさせます。

微生物も一種類ではありませんが、彼らが働きやすい温度に保って、有機物を分解し(食べ)、微生物自身は増殖します。そのため水中の酸素を消費するので、消費した酸素の量の大小で、有機物の量、つまり川の水の汚れの指標とします。

汚水だけでなく、味噌汁でも、ジュースでもＢＯＤを測ることはできるので、水の「汚さ」という表現は不正確です。水中の有機物の存在量を表わすと考えるべきです。この値が小さい方が有機物が少ない、すなわち川の水で言えば「きれい」と言うことです。

これを測るのに微生物が活動する時間が必要です。通常は５日かけます。つまり川の水を汲んでも５日後でないと、わからないという測定方法です。普通の川なら、２ｍｇ／ｌ（１リットルあたり２ミリグラム）以下の値です。

## ②ＣＯＤ（化学的酸素要求量）

ＢＯＤを測定するためには微生物を利用するので、時間がかかります。化学薬品によって生物作用の代用をさせるのが、ＣＯＤです。つまり、水中の有機物（汚濁原因物質）を過マンガン酸カリウムで酸化する（酸素を消費する）酸素の量の大小で、有機物、つまり河川や湖沼の汚れの指標とします。この単位もｍｇ／ｌです。

ではＢＯＤとＣＯＤとは関係があるかというと、ＣＯＤの大きい水はＢＯＤも大きいとは言えますが、ＣＯＤからＢＯＤを換算する（あるいはその逆）のは普通は意味がないとされています。

# 第六章　水害を防ぐ

## ――人類は水害とともに

石器時代から縄文時代にかけて、私たちの祖先は獲物を求めて移動を繰り返していたという説があります。しかし、あの素晴らしい縄文土器をかついで転々としていたとは思えません。もちろん、土器作りの専門家はごく一部で、交易は推量するより盛んであったと考えられるため、定住集落もあれば、移動集落もあったと考えるのが順当だと思います。

ではどのような所に定住していたのでしょうか。移動の人達も一夜の宿りをどのような場所に求めていたのかは、どのような場所に遺跡が多いかということで推定できます。湿地や沖積平野ではなく、台地や段丘の上で、比較的乾燥した所に遺跡が多いのです。つまり、洪水を避ける所に集落を構えたのでしょう。

といってもすっかり水から離れるわけにはいきません。飲水をどのように獲得するのか。その他原始的な状況の下、水の用途は広がります。火を使って焼くだけの調理方法から煮る方法をとり入れれば当然、調理用に水が必要になります。

稲とは限りませんが、植物を食用や薬用に利用するようになれば、その収穫を安定させるために、天からの雨だけでなく、安定した水源を確保しなければなりません。

関東平野の台地—例えば東京の台地など—では浅い地層に浅い地下水があることがあり、宙水と呼ばれています。地下水を得やすい所です。縄文時代の遺跡と浅い地下水との関係はあるのではないでしょうか。古いお寺も「山のお寺の鐘が鳴る」というように小高い位置にあり、かつ、宙水のような地下水が得やすい所に建立されていたのでしょう。こういう所はまた災害の時の避難所になります。いずれにせよ水害を受けにくい所が生活の場です。

話を古代に戻します。縄文末期から弥生時代にかけて雑穀や稲の栽培が始まったらしいことは、弥生時代の土器に稲殻の跡があることなどにより示されています。

稲は水の多い土地に植えなければなりません。それは必然的に水害を受けやすいということです。台地や丘陵で、「水害は関係ない」と言っているわけにはいきません。それでも、恐らく、始めは沢、つまり小さく浅い谷の谷地田(やちだ)で稲を植えたのでしょう。泉から常時、水が湧いていますし、大雨が降って稲作に被害が出ても、人は台地などへ避難すればいいので、人命の災害にはなりません。

稲作を沢または谷地などで営んでいる限りでは、水害に対して安全とは言えないまでも、何とかしのげます。稲作には集団的な人手が必要ですし、稲はデンプン生産の効率がよく、人口が増えます。必然的に農地を増やさなければなりません。

稲作となれば種子を蒔いて、実るまで定住するわけです。その時に水害を受けたらどうするか考えておかなければなりません。

人口増加とは、一家族では二、三男の分家を意味します。まとまれば集団で新田を作ります。沢や谷地田から出て、沖積平野に住むことになります。稲にかける水は谷地田では湧いたばかりの地下水で、夏は気温より低温ですが、沖積平野では水は温められているので、稲には向いています。

しかし、沖積平野はもともと洪水作用でできたものですから、洪水のリスクは高いです。つまり新田とは洪水・高潮などでやられる可能性の高い所です。

メリットは徐々に増えつつある人口を収容するために利用地を広げ、水田を広げ、食糧生産を増して、さらに多くの人を養える点です。その時、無方針で新田を開発するわけではありません。沖積平野には自然堤防や砂丘、低い段丘などがありますので、そこを拠点として居住地や田畑を作っていきます。さらに積極的に堤防を造って、自分を守る努力をします。

『日本書記』に「仁徳天皇が奏人を役だてて茨田の堤を造らせた」とあります。茨田とは大阪市の東方、寝屋川付近のことです。

外国人土木技術者を呼んでこなければならないような技術レベルであったようですが、堤防を造って集落を守るという行為が日本で始まったということでしょう。

現場には今も堤防の一部が残っています。当時の淀川の流向に沿うように造られたのでしょう。

## 稲作文明

沖積平野は水が豊富なので稲作に向いています。しかし、洪水、特に大洪水に対して危険地帯です。家も田も、一飲みにやられてしまいます。そこで考えられたのが、自分（複数）の集落や田だけを守る方法です。

自分らの集落を守るために、洪水が押し寄せてくる方向、つまり上流側に流速を防ぐ馬蹄型の堤防を造ります。

それだけでは不十分です。次には下流から水がまわりこんで来ますので、そこを締切ります。こうして輪状に自分らの集落を守るわけで、リング状の堤防ができます。この構造を輪中（わじゅう）と呼び、このような堤防を輪中堤（わじゅうてい）と呼びます。

日本国中の沖積平野では輪中地帯がありますが、特に愛知・岐阜・三重の3県にまたがる濃尾平野は、輪中で各集落が自分で自分を守るシステムになっていました。

輪中堤を造った集落の人たちは運命共同体です。輪中堤の外は一般には川が流れています。大雨で川が増水し、万一、輪中堤が切れれば、その集落の人は全家屋水没します。従って全家屋の人が力を合わせて破堤を防がねばなりません。それを水防活動と言います。具体的手法は別章で述べますが、大河川をはさんで、左岸・右岸の向きに合った輪中で、大雨の時、例えば右岸の輪中堤が切れれば、河川の水は右岸輪中へ流れ込みますので、左岸は助かります。

川をはさんで対岸の堤防が切れれば大喜びだという非情さを東南アジアの防災担当者に話したら、自分のところもそうだと異口同音の発言がありました。

さらに上流側と下流側との隣り合っている輪中堤で大雨が降って、両輪中とも水浸し

（内水災害）となった時に、上流側の人たちは境の堤防を何とかして切開して、自分の輪中の水を流し出したいし、下流側の人たちは一滴でも水が入ってきては困ります。現存する輪中堤を一時的にでも高くしたいわけです。

そのような争いを防ぐために定杭（じょうぐい）という杭が普段から設けられていて、上流側はその杭以下に堤防を切り下げてはいけないし、下流側はその杭以上に土を盛ってはいけないという掟があります。

例えば、定杭は濃尾平野にあります。輪中対輪中の抗争は生きるか死ぬかの問題です。一つの輪中の排水は隣接する輪中へ入れないで、自分が管理する小水路で大河川へ排水するというシステムもあります。東海道新幹線で岐阜羽島近くの車窓からそのような小水路がたくさん並んでいるのが見えます。なるべく争いをなくすということでしょう。ここでは端的に、自分の集落は自分らで守るという了解が見えています。

近ごろになって、災害時に共助だ、公助だと言い出していますが、輪中で見る限り、災害に対しては自助しかありえません。自然に関する情報は気象庁などが多く持っているからそれを有効に使うべきです。しかし、防災に係わる行動については自助と言うか、個人一人一人が動かなければならないということです。

## ――より広い生活圏へ

輪中堤を上下流つなげば連続した堤防になりますが、高さや幅に統一がとれないので、その時の政権が統一的に河川を改修する時には、それぞれ統一の規格で造るようになりました。部分的には輪中で自分の集落を守った堤防が残っている所もありますが、最近見る堤防はよく統一されています。ただし、どれだけの川幅で堤防の高さはどれくらいがよいかを決めなければなりません。これは後で述べます。

輪中地帯で連続堤を造っても、いいこととは、万一、一箇所で堤防が切れても氾濫水が広がらないで破堤した輪中だけが不運に見舞われるということです。そこで破堤を防ぐための水防活動に意義があるわけで、水防活動に熱が入ります。

沖積平野と一口に言っていますが、若干高くて乾燥している所と、沼や池として残りやすい所があります。一般的に言えば、前者は干拓されやすく、早く利用され始めます。後者は沼や池の水を排水するような水路を造ってから、干拓されます。そのため、開発が遅れます。

また、後者の沼沢地で、積極的な利用が進んでいない所では、周りを堤防で囲って出水の時に水を遊ばせる（滞留させる）ために遊水池として、川から堤防を越流して洪水を溜め、下流の水害を軽減します。地価の高い首都圏でも遊水池はいくつもあります。

例えば、新幹線の新横浜駅付近の鶴見川遊水地や、利根川では取手より上流に田中・菅生・稲戸井の3遊水地があって、それぞれ鶴見川、利根川の洪水の低減に役立てています。

川の幅や堤防の高さはどうやって決めるのかを略述します。先に輪中の説明において、左右岸の対立・上下流の矛盾を説明しました。水害に限りませんが、人間社会ではこのような争いはつきものです。

江戸時代に尾張（名古屋）の殿様は徳川の親藩であったため、「木曽川を挟んで対岸の美濃（岐阜県）の堤は3尺（90センチメートル）低くなければいけない」と言って、子どもが岐阜側の堤防に土や砂を捨てることさえ禁じたと言われています。木曽川が出水すれば、もちろん岐阜側に氾濫し、名古屋側は安泰です。

昔はいざ知らず、このような不公平などが今の世の中で許されるでしょうか。例えば、大雨の少ない流域なのに権力者が地盤としていたから立派な堤防を造ったというようなことです。そうならないためには、洪水という自然現象を安全（裏がえせば危険）の共通のモノサシにのせて、そのモノサシで北海道から沖縄まで同一の目盛で読み取ればいいわけです。そのモノサシは雨の降り方（雨量確率）です。雨の多い所か少ない所かは測ればわかります。雨によって河川の流量が決まります。こうして１００年に1度の大雨を想定して（この表現は正確ではありませんが）求めた流量を基に堤防を造るのです。こうすれば権力者の横ヤリは完全とは言えなくても排除されて、全国民が平等の安全を保証されるわけです。

## 洪水の認識

「洪水と言うと台風、台風と言うと洪水」というのが我々の脳細胞の反応ですが、最近はそうでもない点を指摘しておきましょう。

東京都建設局ホームページより引き出した１９７４（昭和49）年から２０１３（平成25）年の40年間の東京都全域の水害統計で、床上浸水が1棟でもあれば水害と報じられた件数は２５１件あります。

この期間を１９７４（昭和49）年から１９９３（平成５）年までの前期20年と１９９４（平成６）年から２０１３（平成25）年までの後期20年に分けて、現象別、すなわち集中豪雨（雷雨前線なども含める）と台風とに分けると、次の表のようになります。


前期と後期とで集中豪雨なども台風の件数もあまり変わっていません。

床上浸水棟数１０００棟以上の水害件数は、後期になって急増しています。全水害はこの40年で２５１件。１年あたり約６・３件。集中豪雨はこの40年で２０７件。１年あたり約５・２件。台風はこの40年で44件。１年あたり１件となります。

台風１件に対し、集中豪雨などは４・７件で圧倒的に集中豪雨が多いです。

しかし、台風１件当たりの被災棟数は多いです。

これは東京という大都市で河川・下水道がよく整備されている地域での話ですから、別の地域では別の比率になり、別の配慮が必要となるでしょう。

では、洪水について東京では台風は関係なくなったのか、他の地域ではどのような配慮が必要か、それを考えるには少し日本の過去について考察してみるべきです。

## 米食は水害に弱い

私たちは米を主食と呼んでいます。これは第二次大戦中に食料を国民に配るために政府がその基準を１人１日米２・３合としたことなどによると思われます。１合は０・18リットルです。

江戸時代に各藩の経済力を米の生産高で測り、年貢という庶民からの藩への税も米で測ったためです。第二次大戦の前は山間部では、ソバ、ヒエ、アワなどを常食としていた所もあったそうです。

稲は湿地性の植物ですから、どうやって栽培するかは明らかです。つまり、池のほとりとか沼地、地下水などが湧き出している湿地などを中心にして、人々は生産と生活を始めたのでしょう。

そこは雨が降れば水位がすぐに上がります。すると、住居は浸水します。雨が降らなくて、湿地が乾けば米は収穫できません。浸水か干上がるのか、今の言葉で表わせばリスク管理はおろそかにできません。

雨が降っても、住居が浸水するのを厭うわけにはいかないでしょう。米作りには水が必要ですから、水がついただけで水害とは言えないでしょう。浸水対策として近くに台地があれば、台地の上に住めばよいのです。

しかし、日常の農作業、くわなどの作業用具の収納などに、台地の上では不便です。米作りをしていなかった旧石器時代・縄文時代の遺跡は台地の上にある例があります。弥生時代から後の住居跡や貝塚は、台地の裾や平地にあることが多いです。水害のリスクと日常の農作業の便利さの妥協点でしょう。関東平野でも濃尾平野でも水害常襲地域では水屋（盛

水屋
右の常住家屋より高い盛土の上に洪水に犯されないよう建てられている。

土して一段高くした土地に建てた避難用家屋）と舟を備えていれば、洪水なんて怖くはないのです。今の都市の低地に住んでいる人は、水屋も船も用意していないから、その土地で水がつけば生活ができなくなります。それを水害と言うのです。

## 水害は社会現象

大都市のように下水道が完備していればよいですが、そうでなければその街はちょっとした大雨で街中水浸しになるでしょう。街の機能が失われれば、それももちろん水害と言います。

洪水は自然現象ですが、水害は社会現象です。その社会が洪水を水害と認識したときに水害となります。社会の判断は、その構成員、つまり住民、世論をリードする（と自ら言っている）マスコミ、行政などによって形成されるものです。

洪水に似た言葉に「高水」があります。では洪水とは何か、高水とは何が違うのか。

「洪」とは、大きい、広いという意味で、川があふれて田野を覆いつくした状態と言います。埼玉県内の荒川のように、広い高水敷（いわゆる「かわら」）が水をかぶった状態で

越水を防ぐために土のうを積む。ブルーシートで破堤を防ぐ。

も洪水と言えるでしょう。
それに対し、高水とは、大雨などで堤防で囲われた河道内の水位が高くなった状態を言います。必ずしもあふれなくてもよいのですが、高水が堤防の弱点を破って住宅の側にあふれてくれば、洪水になります。高水と洪水とは違うので、高水を「たかみず」と意図的に呼ぶこともあります。筆者はこの後「洪水」を使いたいと思います。

大雨が降ると河川の流量が増し、水位が上がって高水となり、さらに大雨が降れば水位は堤防を越え、街や田畑に氾濫し、人々は住居・財産などに被害を被り、

越水が始まり退避する

必死の水防活動もむなしく越水破堤

工場は洪水による設備の破損・操業停止による損失を受け、田畑は浸水や流失により不作となります。最悪の場合は死者も出ます。それも「こんなことは昔からあったよ」と片づけられるのならば、それは災害とは言われませんし、「これは大変なことになった、誰かに補償してもらいたい」ということになれば災害です。

明治時代になってからも、「洪水氾濫は自然現象であるから、国や地方自治体は補償しない」という理解であったのです。近年になると、破堤などは行政の瑕疵ということで、国会などで騒ぎになり、徐々に行政の側から補償が出るようになって来ました。

洪水に際して、昔は関係するコミュニティ一丸となって輪中の項で述べたように水防活動と行い、破堤を防いだのですが、今は大都会近傍ではそういうことは稀になりました。つまり、「洪水を防ぐのも、洪水で害を受けるのも住民」という洪水に対する住民の構えがあったのですが、現在はその心構えは希薄になったのです。

「水害とは何か」の議論はさておき、堤防がどのように切れるのかを少し見てみましょう。

あふれた水は水田に広がると仮定します。

## ―洪水のリスク―堤防の切れ方

①越水（溢水）。河川の水位が上昇して堤防の高さを越え、河川水があふれて住居・水田の側（堤内地と言う）へあふれ出てきます。堤防は一般的に土でできているので、いったん越水がはじまると堤防は洗掘されて、大きく崩れ（破堤と言う）、はじめは少量の水があふれただけであっても、堤防が崩れれば大量の水が堤内へ流れ込んできて大災害となります。

②速い流速が堤防の外（水の流れている側）に当って、堤防が逐次浸食されて遂に堤防が切れます。速い流速が堤体に当らないようにします。対策で述べますが、水制や堅固な護岸を用います。浸食が進まないように堤体内に目の荒い布を敷きこんでおく方法もあります。

③漏水で堤防が切れることがあります。川の側の水位が高くなると、川の水が堤防へ浸透して来ます。堤防がコンクリートで出来ていれば、その様なことを心配することはありませんが、一般に河川の堤防は土でできているので、大量の水が浸透すると堤内へ水が吹き

出して来ます。水が堤防から吹き出してくる所を「ガマ」と呼んでいます。それを止める工法には後述する月の輪がありますが、それが間に合わなければ、堤防はもろくも崩れます。つまり河川水位があまり高くなくても漏水で破堤することもあります。

1981（昭和56）年の利根川支川小貝川下流部の破堤は、これが原因と言われています。早くガマを見つけるために、堤防の法面に草が生えているといけないので、草はよく刈っておきます。昔は村中で堤防を巡回して、もしもの時は村中で堤防を守りました。

## 緊急対策―水防

もともと自然現象を相手にしているので、計画を越える現象もいつ起こるかわかりません。これに対する現場での準備をしておかなければなりません。その技術は水防工法です。これは江戸時代、あるいはもっと前から受け継がれてきたもので、人力に依っていました。今は重機を投入して手早く片づけます。伝統的な代表工法を三つ示します。

水防活動について、水防法という法律があります。市町村は水防法により水防団を組織することになっています。一般住民も自分のコミュニティを守るため、ボランティアとして水防活動に参加すべきです。

## ①越水に対し、土のうを積む

越水しそうになったとき、土のうを積みます。積んだだけでも効果がありますが、竹ざおを串ざしにして、積んだ土のうが崩れないようにします。

## ②流速に対し、木流し

川の水が高流速で岸に当るものを少しでも防ぐため、立木を伐採して来て、縄で岸に固定し、半ば流れたように支えます。堤防の川の側、つまり表法(おもてのり)の洗掘を防止するわけです。

## ③漏水に対し、月の輪

堤体漏水を防ぐため、堤防の内側(住

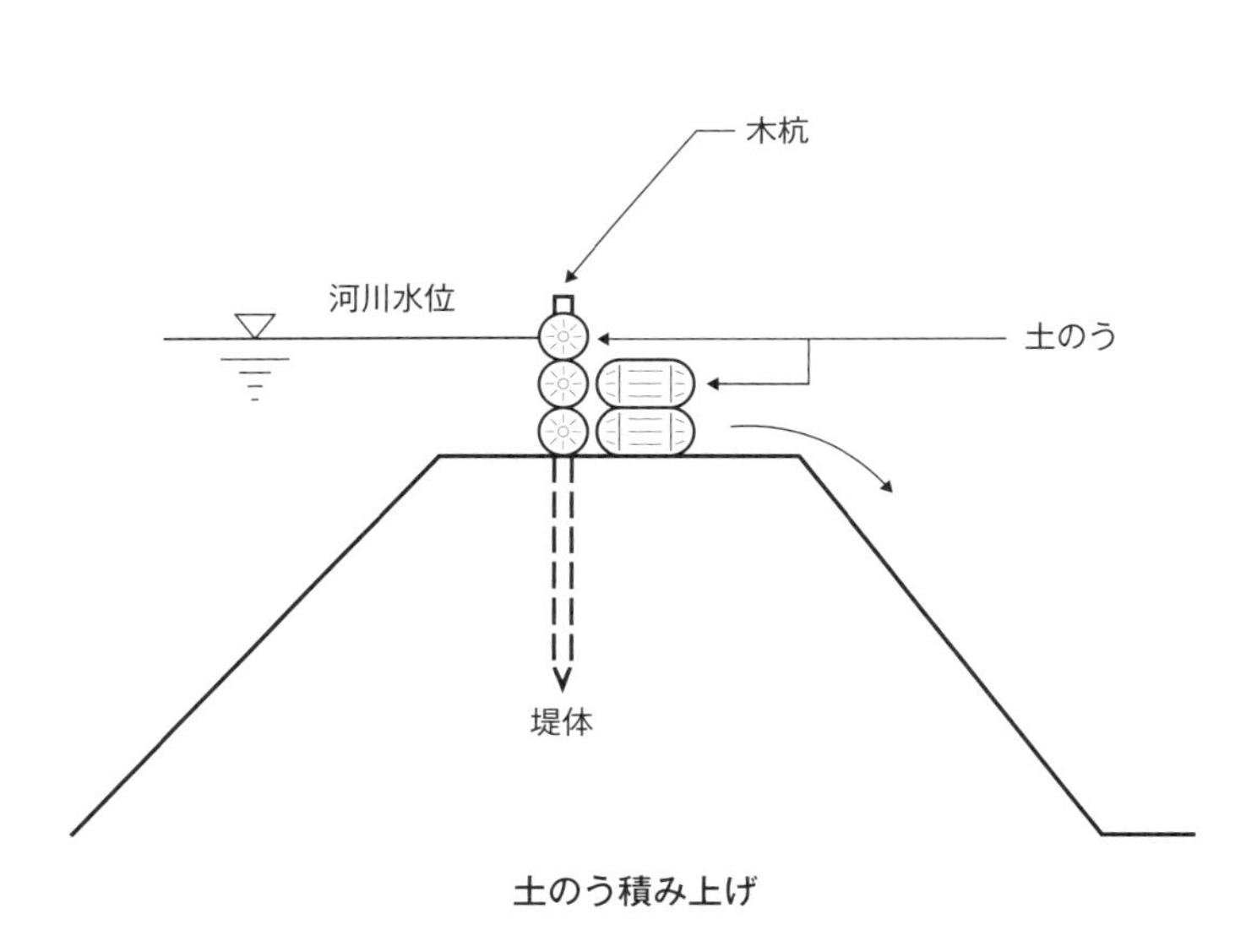


土のう積み上げ

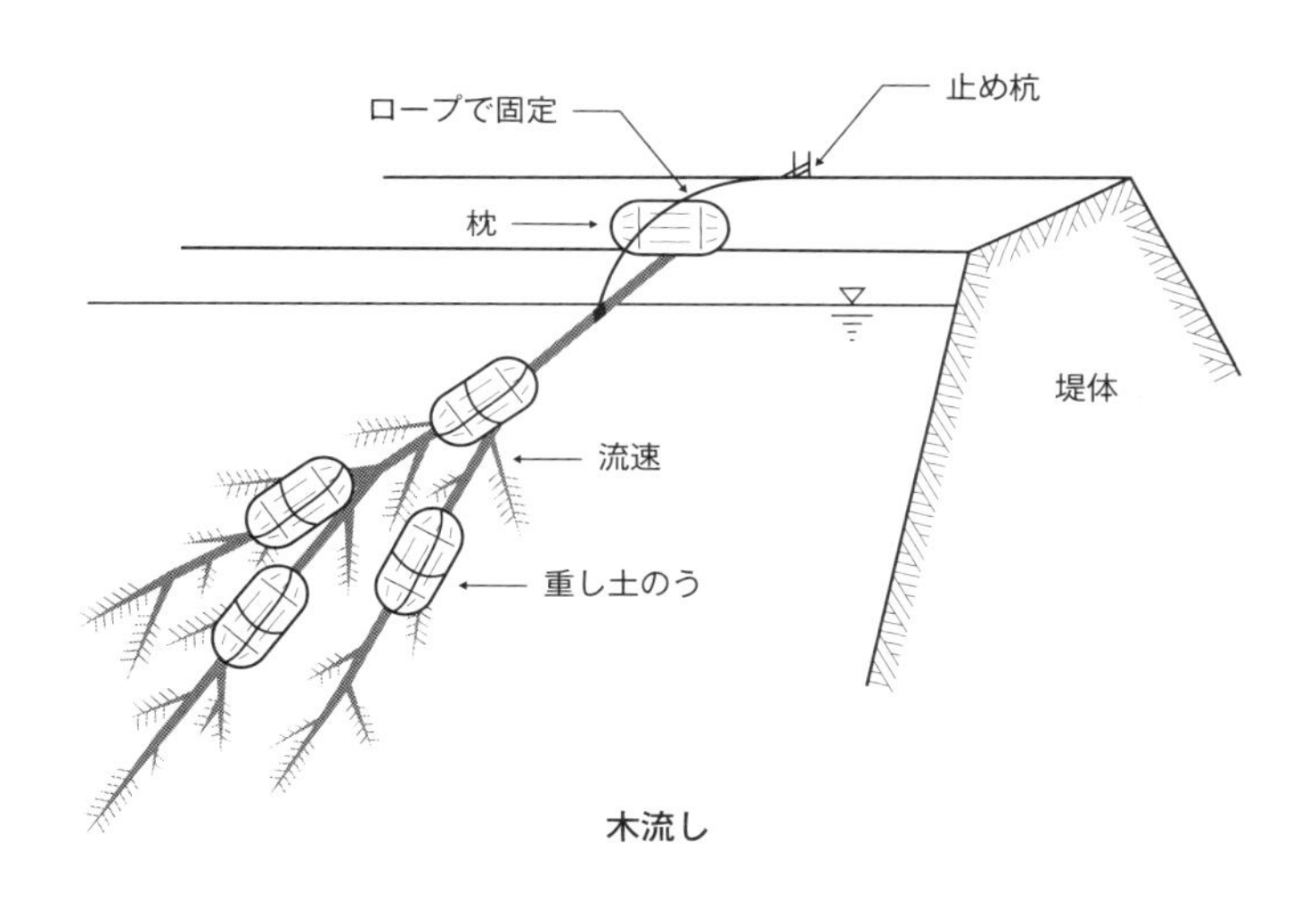


木流し

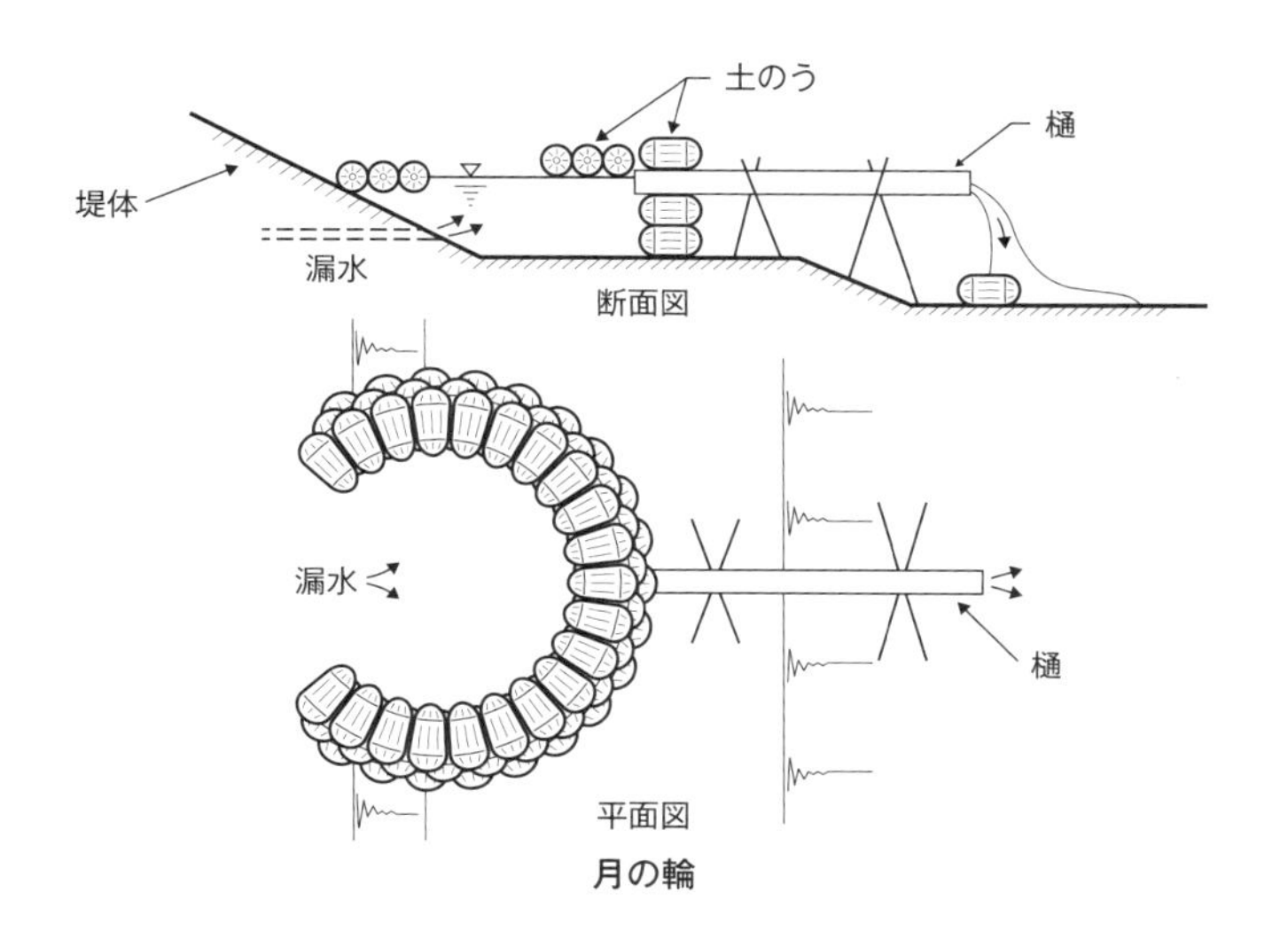


月の輪

居の側）で漏水か所を囲って半月状に土のうを積み、外側（川側）からの水位上昇に伴う水圧の増加を防ぐため、半月状の土のうの輪の中に水を張って漏水を止めます。

## 長期対策

### ①堤防を高くする

ただし、先にも言った通り、特定の堤防だけを高くすることはしません。しばしばある話でありますが、地盤沈下などで堤防が低くなっている所があったとすると、越流破堤が発生しやすいです。

### ②崩れない堤防を造る

㋐堤防の幅を広くして、越水しても破堤に至らないようにします。一般に越流だけなら洪水ピークの継続時間は長くないので、堤内に入る水の量は大したことはなく、被害も小規模で済みます。スーパー堤防と言います。

㋑強固な堤防を造ります。コンクリートや鋼材で固めます。普通の堤防は土です。

㋒古い堤防は老朽化しているので、漏水により堤防が崩れることがあります。堤防材料を漏水しにくい土・粘土などに変えます。

### ③堤防を二重に設ける

二線堤などと呼びます。本線の内側（住居の側）にもう1本堤防を造って、本堤にもしものことがあっても、堤内へは水が流れ込まないようにします。甲府の釜無川にあります。

### ④霞堤（かすみてい）

扇状地など勾配があるところでは、あふれた水を住居・水田の側へ広がらないように二線堤を設け、本堤に隙間をあけて、あふれた水を本川へ自然に戻します。鬼怒川、笛吹川、高瀬川（長野県）などにありました。

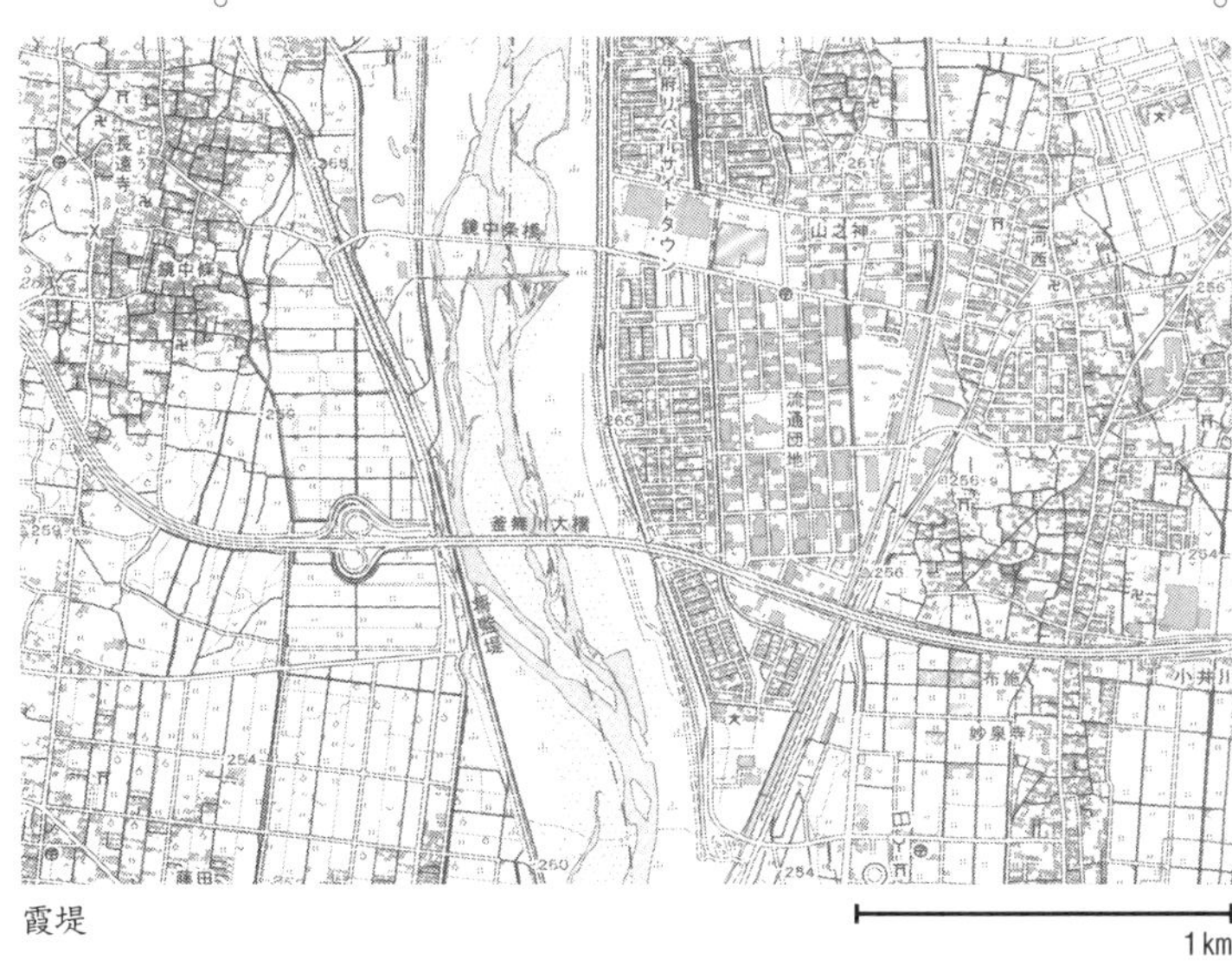

霞堤

## 長期対策としての放水路の効果

水防の長期対策として放水路があります。洪水の害を受けないで、海や大きな湖へ流してしまう方法で、放水路方式と言います。先に紹介した長期対策の一つではありますが、本項目では詳しく紹介します。

これまで日本の河川技術者は多くの放水路を掘ってきました。東京東部の荒川も水路の一つです。これは隅田川では洪水を防ぐために岩渕（北区）地点から東へ迂回するように新しい水路を掘って葛西付近で東京湾へ注ぐものです。大正時代、このあたりは中川・綾瀬川の河道が交錯し、湿地が広がっていた所で、この荒川放水路を造りました。最近は放水路の文字をはずして、この放水路のことを荒川と呼びます。

そのような例は他にもあります。

下流の利根川は、今は銚子で太平洋へ出ていますが、関宿より下流の利根川は全川が放水路なのです。群馬県・栃木県からの水は今の江戸川に並行して東京湾へ注いでいたのです。

今でも埼玉県東部低地には古利根川が流れています。江戸時代初期に徳川幕府が何段階かに分けて工事をしました。そうして上流からの水を今の利根川に流すようにしました。埼玉県東部低地を洪水から守るためだとか、東北地方から舟で持って来た米などの物資を安全に江戸へ運び込むための運河だとか、新田開発だとか、目的は取沙汰されていますが、恐らくすべてでしょう。

今の一級河川の利根川は多目的放水路と位置づけられます。今陸化している潮来とか波崎、香取のあたりは『常陸国風土記』によれば広大な海湾でした。放水路化により新しく土砂が運ばれて来たので土地が造成できたということで、利根川放水路（？）の効果はここにもあります。

信濃川における大河津分水について、簡単な説明をしましょう。

信濃川は長野県（信濃の国）の標高3000メートルを超える山々、北アルプスと呼ばれる飛騨山脈などから流れ出して、広い新潟平野を潤し、新潟市で日本海へ注ぐ大河川（一級河川）です。流域は、積雪地帯なので、新潟平野は十分に潤されていましたが、洪水が頻発し、山地流域が広いので水がなかなか引かないのが特徴でした。

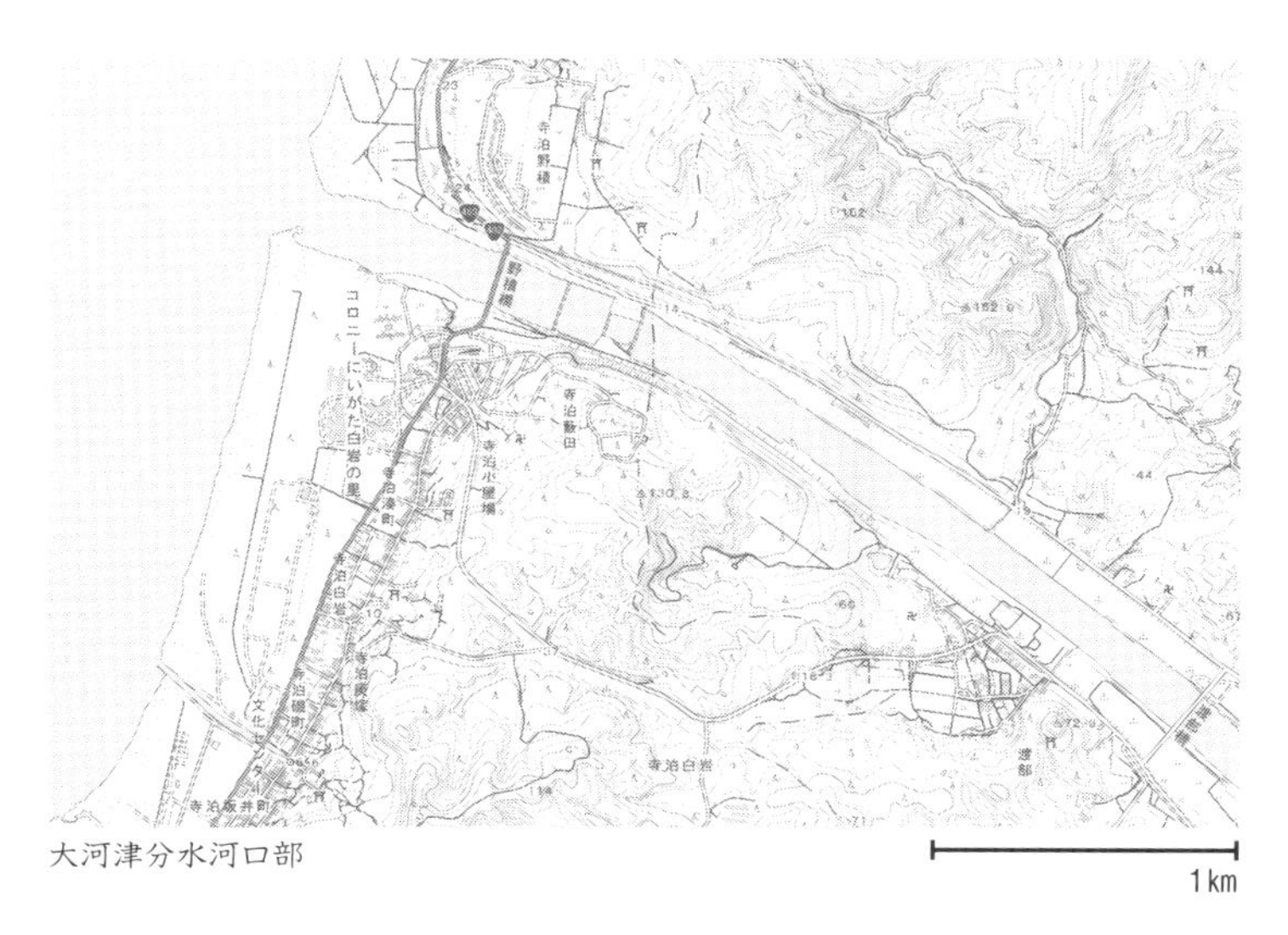

大河津分水河口部

大河津分水(出水中)

平面図的に見れば、山間部を出てからの川は海岸線に沿って北東へ流れていますが、日本海との間には弥彦山脈が連なっています。信濃川の水を放水路で日本海へ直接放流しようという案は昔からありましたが、昔の技術では山を掘削するのは絶望的でした。

大正末期になって、土木技術が進歩したことによって大河津分水が始まりました。特に中心として働いた土木技術者青山士がパナマ運河開削で大土木工事を学んできたことは、大きな推進力でした。


河口（新潟市）より56キロメートル流の大河津から海へ9キロメートルの放水路（当地では分水と言う）を掘ったわけです。日本海に近い山脈を開削するのは難工事で、山間部で放水路の幅は狭く、川床高は相対的に高くなりました。普通の川の逆で、下流で勾配が急になるという形状となりました。それは河道が壊れる危険性を示しているわけで、川床洗堀による河道破壊を防ぐため「床固め」と呼ばれる二つの大きな横断構造物（低いコンクリートダムのようなもの）およびそれよりは小さい数個の床止めを設けました。

もし、この大河津分水が洗掘で床固めや床止めが破損されたら、信濃川の水はすべてここから分水路を経て、海へ流れ出して新潟平野が干上がってしまうことになるのです。

悪い予感は的中しました。まず分水点の可動堰の一部が水の落差によって破損し問題になりました。

河口から遡ること９００メートルの第二床固の下流部が海面下約20メートルまで洗掘されているのがわかり、それを止めるためカーテングラウトや１００トン蛇籠投入などの方法がとられましたが、いずれも失敗でした。

筆者はその原因が、面下20メートルまでの滝壺的な流れになっていることを水理実験でつきとめました。また、ここは寺泊層が背斜構造になっていて、洗掘されやすいこともつきとめました。分水の流速を水面近くで下流へ走らせることを目的として、下流側に副堰堤を設けることを提案しました。

これによって異常な洗掘は止まり、新潟平野は異状なく穀倉地帯として繁栄しています。

大阪においても、淀川に立派な放水路があります。新淀川です。

もともと大阪には上町台地が南北に伸びていて、この台地の北端で台地が切れる所の台地の上に大阪城があります。それより東・淀川の上流側は湿地でしたが、排水を整備して今は住宅・工場が並んでいます。

台地の西・下流側は淀川のデルタで、淀川は幾筋にも分かれます。そこが大阪が物資の集配の街として天下の台所と称された舟運の街の水路です。

そこで、毛馬から西へ向かって天保山の方へ新淀川という放水路が開削されました。それによって、洪水は市街地河川へ（もとのデルタの川）へ入らずにすむだけでなく、上町台地東側の寝屋川、門真なども少しずつ水位が下がって市街地化されました。

なお、この付近に記録に残る最初の堤防、茨田堤があります。先に紹介した「仁徳天皇が秦人を役だてて茨田の堤を造らせた」という『日本書紀』の文です。


放水路の効用は前述2〜3の例、あるいはもっと別の例でも示されますが、まとめると次のようになります。

## 放水路のメリット

### A：河川形状の変更

河川の短縮：洪水を早く海へ排出することができる。
石狩川、豊川、信濃川、関屋分水

勾配が急になり流速が速くなって、洪水を早く海へ排出することができる。
信濃川大河津分水、江戸川下流の放水路
利用価値の低い土地を通すので旧川の水害安全度が高まる。
東京の荒川（ただし、現在は放水路と呼ばない。また放水路周辺も人口密集地帯となっている）、利根川（現在の河道）

**B：舟運の改善**

江戸時代〜明治初期の利根川

**C：土地造成**

旧川の土地利用（旧川は市街地であることが多く、価値の高い土地が造成される）

**⑥捷水路（ショートカット）**

今、日本で捷水路（ショートカット）のない川はありません。大河川では国が積極的に推進してきました。例えば、多摩川でも大田区や川崎市にショートカットの跡が見られます。小さな川でも県や市が洪水を防ぐための河川工事をすると言えば、ショートカットでした。ショートカットで最も有名なのものは、北海道の石狩川です。放置すると蛇行の弯曲が逐次激しくなります。その究極の状態に達すると、自然にショートカットして、直接、上下流部が接続し、弯曲が解消することもあります。石狩川では自然に解消した所や弯曲が進行している所もありました。現在、石狩川は全面的にショートカットされた川になっています。弯曲部が川から切りはなされて、「三ヶ月湖」などとよばれている湖の例もあります。

川は平野で自由に流せば必ず弯曲します。蛇行です。蛇行すると流路が長くなります。したがって勾配がゆるくなるので、洪水流は流下が遅くなります。洪水処理の基本の一つは早く洪水を海へ排出することですから、自然蛇行はこの基本に反します。

ショートカットすれば流路は短くなり、勾配は急になるので洪水処理の目指す通り、洪水は早く流下します。しかし、次のような副作用も忘れてはなりません。

㋐川のつけかえ点の堤防は弱いことが多く、1981（昭和56）年の小貝川の氾濫はこのような所で破堤しました。

㋑ショートカットの上流側は勾配が急になるので洗掘されやすく、下流側では勾配が前のまま緩いので、堆積が起こりやすい。2015（平成27）年の鬼怒川の洪水は鎌庭捷水路の下流部で越水破堤しました。

㋒洪水波は河道を流れ下るうちにピークは若干低減します。ショートカット区間へ洪水波が入って来てもピークの低減は微小です。つまりショートカットをすると、河道における自然低減がなくなるのでピークが減らないまま下流へ流れていきます。

## ⑦ダム・遊水池に洪水を溜める

長期の水防対策とは言えず、第八章で述べますが、ここでダム・遊水池について一瞥しましょう。洪水時には平常の水位・流量から、グングン水位・流量が増し、ピークに達して、減少し、それから平常に戻ります。ピークが堤防を越えると危険なので、ピーク付近の水位・流量を人為的に減らす方法として、ダム・遊水池へ洪水をいったん溜めるという方法をとります。厳格に次のようには分けられませんが、ダムは山間部の広い谷に、遊水池は平野部での遊休地に造ります。

大規模な都市開発については、面積などに細かい規制があって、その開発地の中又は下流側に防災調節地という名の池を造ります。大都市などでは公共建物・学校その他に雨水をためる貯留浸透施設を造ります。これらは水防とは言いませんが、洪水氾濫などを防ぐためのもので、総合治水と呼ばれ、別章で詳しく説明します。

# 第七章　避難

## 避難は市区町村で

災害があったときには、避難の状況はマスコミが報じる重要な話題になります。それは大切なことです。しかし、天気のよい日に水害の避難を想像したことがありますか。

行政としての避難命令というものはありません。避難勧告・避難指示は、国（国土交通省・気象庁・総務省など）が出すものではありません。それは市町村長（東京23区では区長）が出すものです。

このことは災害対策基本法によって地域防災計画が作られ、それに基づいて避難の具体的なことが決められています。だから行政上の避難のことを知りたければ、当該市町村の地域防災計画を読むか、市町村に問い合わせるべきです。地域防災計画は市町村の図書館で閲覧できます。

避難すると言っても、自分の避難所はどこかにあるのかが問題です。もちろん、市町村に尋ねれば、教えてもらえます。市町村の出しているPR紙にも書いてあります。筆者の住んでいる東京都某区の場合は、町丁目ではなく町内会ごとに避難所を指定しています。注意してください。

内水氾濫

避難所には近くの公立小中学校が割り当てられています。

夜、停電のときに避難所へたどり着くのは難しいので、平常からどの道を左へ曲がって、右へ曲って と覚えておく必要があります。交通信号は消えていると思わなければなりません。排水のマンホールの蓋は路面湛水しているとき、蓋が鉄製で厚さが3センチメートルと仮定すれば、上流の湛水面と7・9×3センチメートル＝23・7センチメートルの差があれば、吹き飛んでしまいます。避難所への通路にそのような危険箇所がないかをあらかじめ調べておきましょう。

避難所への道で凹地があって雨水など

が湛水すると、歩けなくなります。マンホールがなくても水深20センチメートルで、歩行速度は1／3〜1／2になります。水深50センチメートルになれば歩行困難になると心得てください。

最近は内水災害が目立ちます。内水とは、端的に言えば路面に水が溜まっていることです。水深何センチメートルの所を歩いた実験では、時速（あるいは秒速）何メートルだという話はありますが、それはそれなりの服装で荷物を持たず、マンホールなど危険物のない所を歩いた例えなので、実地にあてはめるわけにはいきません。

避難所への道がゆるい下り坂で、行く先に水が溜まっているらしいときは進むべきではありません。迂回しましょう。建物の基礎は水平に造りますから、上り坂か下り坂は道路脇の建物の基礎を見ればわかります。田園地帯では水田一面が水平ですから、前述と同じことです。自転車で走るときも注意します。こげば上りか下りかはわかります。避難経路は実地を歩いて覚えておくのが本筋ですが、その予習として水害ハザードマップを行政が作っています。市町村の役所へ行けばもらえます。インターネットでも引き出せます。50

メートル×50メートルくらいの正方形を作って、地形、降雨条件により、どこにどれくらいの深さで内水が湛水するか示した地図です。

目の前で発生した湛水と条件が異なれば、湛水深も変わってきますが、大まかに自宅から避難所までの安全な経路を探すのにはもってこいです。ただし、コンピュータで作成しているので、実情の合わないところもあります。まわり道でも湛水の浅い所を選んでおきましょう。国土地理院の土地条件図も有効です。地形が読み取れ、防災施設情報もたくさん書き込んである上に、崖などの記号もあるので、大雨の後では崖下は通らないよう注意しましょう。

誰でもそうですが、いざ、お出かけとなると玄関を出るまでに時間がかかります。特に避難はそうです。避難準備時間は1時間はみておきましょう。防寒対策、貯金通帳、印鑑、現金、3日分の水、食料、食器、仏壇の中の位牌、記念品などをまとめるのに時間もかかるし、荷も重くなります。

戸締り、玄関の鍵もしっかりかけて、「いざ避難所へ」となったときに、「すでに道は深く湛水していた」のでは話になりません。平常からの準備が必要です。お年寄りや小さい子どもさんの場合は特に用心しましょう。「自動車で避難所へ行くから、心配ないよ」と言われるかもしれませんが、避難所までの道中の湛水、交通渋滞、避難所近くの駐車場の有無を考えると、お勧めはできません。自動車が水没すると、電気系統がショートして発火することがあります。

水害の場合は、台風の接近や前線の活発化が予知されるからまだましですが、大地震の場合、予兆はないので深刻です。地震だけなら建物が壊れるだけですが、津波がその後を追いかけてくる場合は深刻です。一般に津波の高さが何メートルになるかあらかじめわからないからです。河川を遡上してくる可能性もあります。行政の側の津波対応の計画は甘いのではないかと、憂慮される例が多いのです。

また、現実に津波が押し寄せて来たとき、「この高さまで避難すればもう安心」と言える指導者はいないでしょう。ご先祖様の位牌の持ち出しより、「津波、てんでんこ」と言う東北地方の格言、つまり個人の判断で、個人単位でできるだけ高い所へ、海や川より遠い所へ避難するより他の方法はないでしょう。

隅田川両岸に設けられている多くの水門も、いざと言うとき、1門や2門は閉まらないことがありうると言った著名な河川工学者がいましたが、行政の側からはそんなことは言えないでしょう。しかし、防災という立場、油断を防いで1人でも多く助けるという立場からは、隅田川沿川の住民の皆さんは万一のことを心がけておくべきでしょう。大阪の淀川デルタに設置された多くの水門も、大阪湾から避難して来た船舶を見殺しにして閉めてしまうわけにもいかないので、高潮対策の水門操作は難しいと言われています。

水門とかダムとか大きな構造物の前に立つと、「ああ、これで水害から守られている」と実感します。守られていることは事実です。

しかし、構造物が計画されたとき、これだけの雨量に耐えるというような計画外力よりも大きな外力としての大雨が降らないとは限りません。そのような事態になっても、人命だけは守り切るのが本当の防災です。そのためには構造物に頼り切らないことです。常に万一のときのことを考えておくべきです。

## 避難する先は2種類ある

### ①広域避難場所

大規模火災などで、火災の危険を避けるための広い公園や河川敷など、東京23区には多数あり、どの町内会はどこの公園へ避難しろと決まっています。大規模火災が発生したとき、火の輻射熱を避けるために何人がその公園へ避難できるかで避難人数も決められていますが、1人約1平方メートルが割当なので避難しても横になることもできません。

1923（大正12）年の関東大地震のとき、両国被服廠跡の空地へ大勢の避難者が集まり、悪いことに避難者は大八車などに自分の財宝を積んで避難してきたため、その財宝に火がついて、火災旋風が発生するような大火になって大勢の方が焼死しました。水害と火災とは直接関係はありませんが、筆者が心配するのは自動車で避難して来た人が公園内または周辺道路上に多数の自動車を駐車し、それに何らかの火がついたときには、今度はガソリンの火ですから、被服廠跡の大量焼死より悲劇的になりはしないかと言うことです。

この避難場所は一般に公園などですから、雨露をしのぐ屋根はありません。ある町内会では広域避難場所が離れているケースもあります。バス停で数えて、10も離れているケースもあります。幼児連れ、老人が災害時に徒歩で行くのは現実的ではないでしょう。

## ②避難所

公立の小中学校の体育館・教室などへ避難する。これは避難が長時間にわたる場合、雨、雪、寒さなどから避難者を守ることを目的としています。先にも述べましたが、東京ではこの学校へ避難するのはどの町内会かということで決まっていて、住居表示の町丁目での割当ではありません。

小中学校の管理責任者はその学校の校長なので、校長が避難所の運営をするわけです。しかし、避難者のお世話をする人が必要です。市町村の職員の誰それが何々小学校へ出向くというぐらいのことは地域防災計画に明示すべきです。理想を言えば、避難者同士が協力して避難所を運営すべきですが、危惧の念もぬぐえません。なぜなら、一つの小学校で避難者の収容数と町内会の人口とが違い過ぎるので、トラブルが発生することが目に見えているからです。

避難する側から言えば、全員避難できるよう行政は準備すべきです。学校長は後からやって来た避難者を満員だと言って追い返すわけにはいきません。普段から町内会の防災訓練に参加している人ならば行政の不備がわかりますが、文句を言う人に限って、防災訓練には皆欠席なので、混乱が発生します。

地方の中小都市なら校長先生はその地方の代表的名士ですから、住民は協力的でしょうが、首都圏などではそうはいきません。「避難所にペットを持ち込むのは癒しに必要だが、小さい子どもは騒ぐから避難所へ入れてはいけない」とか、勝手な言い分がトラブルの原因となります。すべての住民は万一のときのため、避難訓練に参加して、お互いに顔見知りになっておくことが、しかつめらしい防災論ではなく、現実的な防災の第一歩です。

行政は避難所、避難所と言います。住民は避難所へ行けば何でも充足されると思いがちです。それは大きな誤りです。

大都市では災害の時に生活が急に不如意になるので、住民は避難所へ行けばよいと思います。避難所へ来る住民は全体の1割に満たないかもしれませんが、体育館などの広い床面積をお花見の敷地の分取合戦のように占有し、「食糧をもって来い」「毛布を持って来い」と言う不心得者がいないとも限りません。

現在の市町村の避難訓練は人工呼吸やＡＥＤ、消火器の使い方の訓練が主です。それも意味はありますが災害の避難所とは、隣近所の人達が災害がおさまるまで狭い所で仲良く共同生活をするための場所であることへの注意を、訓練を呼びかける側も意識してほしいです。

発災時には消防団などは避難所へは来ません。行政はそれに頬かぶりをしています。

## 昔から避難所はあったのか？

当然あったでしょうが、行政があまり前面に立つことはなく、まず自分で自分の家族、その他周囲の人たちを守っていたようです。

平野部でまず家を建てるときは、少しでも水が浸かない所を選んでいたようです。つまり、「自然堤防」と呼ばれる川沿いの微高地、ここは川が運んで来た土砂を川が自然に川道沿いに堆積されてできた微高地です。

砂丘は海砂が波力で押し上げられ、できた微高地です。

そういう所でも水が浸いたときにどうするか、あらかじめ一段高い盛土をして、そこに仮家を造り（地方により呼称はいろいろですが、水屋と呼ぶ）、出水のときはそこへ移り住む。交通が途絶されるので、舟を用意しておくというような準備態勢を整えておいたわけです。そこまでできない家では、出水に際して屋根の上へ避難している所もあります。濃尾平野では有名ですが、関東平野でも水屋と舟を用意している所もありました。

今は行政が予報システムを作り、市町村が避難勧告・指示を出してくれる結構な世の中になったわけです。このようなサービスは災害や選挙の度ごとに広がっていき、皆が幸せになったようですが、その分だけ消費税など国民にかかる税金が増していくのは覚悟せねばなりません。

国債で処理する政権もありますが、それは子や孫に支払わせるだけのことです。子や孫に対して卑怯です。自分で自分が強くなることを志すべきです。

日本国中が貧しくなったので水屋と舟を持っている住民はほとんどいません。しかも国土を荒らして、地盤が海面より低いゼロメートル地帯を広げました。東京の江東区などは海に近いゼロメートル地帯で、もし堤防が切れれば、浸水中を歩いて避難というような悠長なことできないでしょう。

特にゼロメートル地帯では、各戸がゴムボートを持つべきです。「ゴムボートは自衛隊が持って来るヨ」なんて他人任せなことは言わないことです。そのような時にモーターボートで走り回って、ゴムボートにぶつかって傷つける不心得者に対し、どのような道路交通取締法が適用されるか否かは考えておくべきです。

## 電気が止まるとどうなるか

家庭用に広く使われている電圧100ボルトの電気が洪水や地震で止まったときの生活を考えてみましょう。

### ①照明

電燈が使えないので真っ暗です。家庭では大困りです。長年住んでいても、壁にぶつかったり、階段を踏みはずしたりします。

しかし、よくしたもので、戸外は星あかりと言うか、案外明るいものです。道では腰を落として、空を見上げるようにすれば先がよく見えます。対向の人には声を掛け合えば、困ることはありません。これは第二次世界大戦中の燈火管制下での経験です。

懐中電灯で、ということは考えられますが、乾電池は割りに早く消耗するものですから、乾電池は多目に用意しておきましょう。ボルトと内部抵抗が合えば角形の大きな乾電池を使うことも覚えておきましょう。手回しの発電機は有効ですが、常に回す人がいなければなりません。

ソーラー電池はボルトとアンペアが合うように出力がとれれば、有効です。電気がダメならローソクという方法もありますが、裸火ですので火事にならないような細心の注意が必要です。

### ②ラジオ・テレビ

交通機関の運行状況など、災害の全容を知ることは必要です。スマートフォンやタブレットは内部の電池が働いている限り有効ですが、電池が切れれば、充電せねばなりません。テレビは大きな電力を使いますし、通常、交流100ボルトで動作しますから、電池からの直流を入れても壊れるだけです。

ラジオはそれに比べて電力は小さくてすみますが、通常に利用されているラジオは交流100ボルトで動作しますから、停電になれば使えません。直流のイヤホンラジオで、単三電池2本程度で鳴るものが市販されているので、それは有効です。

小中学校の教材のイヤホンラジオは、音は悪いが、子どもさんに作らせておいたらどうでしょうか。

③冷暖房

いわゆるエアコンは100ボルトの交流電気で動作しますので、停電したら使えません。暖房では、ガスストーブでも古いものは電気なしで動作しましたが、今、出回っているものはすべて電気の制御の下で動作しますので、停電すればガスは来ていても使えません。

## 避難困難地域

避難困難区域として気をつけなければならないところはどこでしょうか?

①地下鉄

大雨のとき、道路に湛水した雨水が地下鉄のトンネルへ流れ込む危険があります。東京メトロ銀座線・丸の内線はレール脇の第三レールから電気を取っているのです。第三レールはレールの脇、つまり低い位置にあるので、水没したら電気はショートします。走行中にそのような事態になれば、第三レールには電気が来ているので車外へ出て避難することもできません。隅田川などの下をトンネルで通っている路線などは大地震があって、河底トンネルに異常が発生すれば、太平洋の水が入って来てしまいます。東京メトロ東西線では遮水壁があるとは聞いていますが、いざと言うときに走っている電車に対し有効でしょうか？

## ②地下街

最近、地下空間の利用が拡大していますが、地下鉄と同様に水の侵入には細心の注意が必要です。出口に向かって非常灯も点灯していますが、万一それが断線すれば真っ暗になります。一時的に地下街を通過するものは危険に遭う可能性は低いでしょうが、地下街で業務をする者は常に対応を考えておかなければなりません。

浸水が始まり、階段を滝のように流れ落ちてくる水に抗して階段を駆け上がるのは困難です。また、ドアの向こう側が湛水したときに水圧に抗して、ドアを押し開けるのはもっと困難です。

### ③水没自動車

自動車が水没した時、水密性が高いと、ドアは開きません。状況によりけりですが、ドアの一部を壊して、外水を入れ、水圧を弱めるとか、別の所から水をひいて束で、内側の水圧を高めて、ドアが開きやすい状況を作るのも一案です。内側の人は濡れますが、命と濡れとの比較の問題です。このような理由による死亡事故はあちこちですでに発生しています。電気系統のショートはすでに述べたとおりです。

### ④大規模商店

非常電源が完備していても、非常誘導灯が完備していても、デパートなどの大規模商店で水害の情報が伝わったならば、店員の指示に従い迅速に安全な場所に移動することになっています。普段でも大規模商店でショッピングをすませたら、万一の安全のため、直ちに店外へ出ることです。

### ⑤急な出水に対する避難

川の中州でバーベキューをしていたら、急に川の水位が上がって孤立してしまったという事故が時々報じられます。小学校などの校外活動で川に親しむことはよいことです。しかし、前夜・当日朝のテレビ・ラジオの気象情報には必ず耳を傾けましょう。日本付近では、天候が北西から変化してくることが多いので、指導者は常に北西の空を見るようにしましょう。遊んでいる川が北西から流れて来るなら、なおさらです。雲の色が黒いときは川の見学は堤防の上からとしましょう。黒い雲とは厚みがあって、多くの雨滴を含んでいるのです。一気に落ちて来たら、河川水位は直ちに上昇し危険状態になります。

中州でバーベキューをしている人も上流の黒雲には用心すべきですが、急に水位が上がってきたら左岸へ逃げるか、右岸へ逃げるかは事前に考えておきましょう。上流の川の弯曲などにより思いがけない方から出水が流れてくることがあります。あらかじめ上流側の地形も見ておきましょう。

## 在宅避難

先にも述べた通り、公設の避難所は大災害で満員になる可能性も高いです。

水害に対しては高層マンションの場合には、あえて避難所へ行かなくてもいい場合もあるでしょうし、盗難を心配して避難所へ行くことをためらう人も多いです。市町村の中には、そのような配慮から、避難所避難を勧めないで、在宅避難を勧めている所もあります。在宅避難は盗難防止などのメリットのほか、何しろ住み馴れた所だから多少の不便より、心が安らぐというメリットもあります。

しかし、援助物資が届きにくいとか、ナマの情報を得にくいというようなデメリットもあります。したがって、在宅避難の場合にはまず家（マンション）が安全なこと、つまり土台がずれていないか、雨漏りはないかなどを確かめて、在宅避難をするのなら市町村、町内会に連絡して在宅避難すべきです。

その場合、首都圏では次のように、生活物資は家庭で1人あたり10日分を用意しておくべきです。

・飲水 30リットル（500ミリリットルのペットボトル60本）
・雑用水2000リットル（風呂はほぼ1杯）
・食糧30食分（白米3升）と副食
・燃料 調理用・暖房用（停電していても使えること）
・照明 懐中電灯・ランタン・ローソク（防火に注意）
・寝具

・ラジオ、携帯、電話
・トイレ（次項で）
・子ども用品、女性用品

また、少しでも庭などに空地を持つ人は、万一のときに食べられる植物を植えておきましょう。例としては、新芽なら食べられる桑・桜などです。実が食べられるのは、柿・みかん類・桃・栗などがあります。アロエも食べられると言いますが、大量にというわけにはいきません。キャベツ・ねぎ・じゃがいも・さつまいも・ずいき・菜葉類など、畑に長期間、保存しておけるものは災害時としては好ましいです。逆に旬が短いものは好ましくありません。

## ――トイレ

飲み水や食べ物は救援物資として送られてきますが、たとえ中断してもすぐ、どうのこうのとはなりません。困るのはトイレです。

都市では１００％普及している水洗トイレですが、災害で上水の供給が止まったり、下水管の破損や詰まったりしたらどうなるでしょうか。

崖くずれで大量の土砂が下水管に流れ込んだり、地震で下水管が破損したりすることがあります。火山噴火で大量の火山灰が江戸に降ったという例（１７０７年の富士山宝永噴火）もあり、今なら火山灰を下水に捨てる人が多いので、たちまち下水管が詰まるでしょう。

市町村では指定避難所にはポータブルトイレを何セットも用意するでしょうが、避難者に対して十分な数量でしょうか。街路のマンホールを開けて、目かくしのシートを張るセットを幾組も用意していると言いますが、十分な数量でしょうか。

公園にトイレがあるといっても、すぐに住民が満足できないものになるでしょう。

特に高層マンションの住民全員がとても満足できるものではないでしょう。各戸で発生した廃棄物を「公園などの空地に埋めるよ」と言っても、無計画に埋めたら後から来た人が掘り起こす事態も発生し、とても衛生的とは言えません。誰が24時間見張りをして整然としたトイレ埋めの規制をするのでしょうか。

空き地のある地方都市でも困ったという話が多いのに、東京・大阪など家がぎっしりの首都圏（特に中央エリア）で、行政が人間の生理現象に頬かむりして防災の美辞麗句を並べているのは「住民を騙している」の一語です。これに対する筆者の私案は、マンションごとにその管理組合が共同で付近に土地を購入し、平常は子どもの遊び場や老人いこいの場とし、災害時にはトイレ処理場として、ビル管理人が責任を持つ。オフィスビルも同様とします。

都心周辺の住宅地では、建蔽率以外の各戸の空地はコンクリートの舗装をはがして、砂などの浸透性の地面にして、平常は草花などを植えて、災害時にはトイレ処理場として各戸が管理するということを強い強制力を持って実施しないと、災害時、首都圏は臭くて人が住めない都市になります。

## 備蓄にも輸送にも頼れぬ

1000万食を都が用意していても、都民1000万人に配れば1人1食（朝食べたら昼には何も残っていない）しかもらえないということです。

しかもそれに対し、災害発生時と同時に役人は役所から食事の給付を（俗に言うタダメシ）を受けることになっている（市町村の地域防災計画にそう書いてありました）から、その分だけ一般の人は我慢させられます。

援助物資（食料も含む）は、そのような意味で大量の輸送に頼らざるをえません。災害の直後はまず一級国道からガレキ・ガラクタの片づけを行ない、次は都道府県道、次は市町村道という順になり、すべて片づけ終わるのは、首都圏では1週間以上後でしょうか。

ここでは、すべて同時並行的に進むと仮定して、次のような試算をしました。簡単な数学を使いますのでお許しください。

都市が大きくなると。輸送の効果が弱まるということを考えましょう。

半径ｒの都市を考えます。その面積は$\pi r^2$です（$\pi$は円周率のことで約3・14）。人口密度をａとおけば、ここの人口は$a\pi r^2$です。この円に周囲を通して物資が運び込まれるわけですが。この都市の周囲道路長は半径に比例し、$2\pi r\ell$です。

1人当たり受け取る物資量は、$2\ell／ar$となり都市のスケールの半径ｒに反比例して少なくなってしまいます。

郷倉
江戸時代よりあった、災害時に村民を救うための米などの備蓄倉庫。

この単純な仮定の計算は、被災地へ運び込める手段が周囲道路長の単位当たり一定量を仮定しているので正確さを欠きますが、大都市の責任者は大都市ほど物資の運び込みが困難なことを心得ておくべきです。

そもそも救援物資が集まらなければ意味がありませんが、大都市ほど物資が運びにくいことを表わしています。中小都市での被災経験から、大都市での救援物資の予測に使うのは規模に係わる係数（スケールファクター）を考慮すべきことを示しています。砕いて言えば、地方都市では発災後3日で救援物資が届いたから、東京も3日で……とは言えないということです。

大都市では、その中で中小企業などによる食料の生産、例えば、そば屋はそば粉があれば自社でそばを生産し、近所の人に販売するという利点があります。平常の流通機関を迅速に復興する方法（コンビニへ運ぶトラックに緊急車輛なみの優先通行権を付与する）などをあらかじめ決めておくべきです。

まとめると、都市の大きさ（半径）が大きくなるほど、配布される1人あたりの救援物資は反比例として少なくなります。首都圏（千葉、埼玉、東京、神奈川）のrはとてつもなく大きく、神戸や東北地方の都市や熊本などには比べものにならないので、首都圏の人がもらえる救援物資はとてつもなく少ないのです。

住民は発災時のことを考えましょう。今、大地震に遭ったらどうしますか。突然の出水に合ったらどうしますか。

江戸時代には郷倉というシステムがありました。どれくらい一般的だったかはわかりませんが、和歌山県の江戸末期の津波のときに、広村の庄屋、浜口儀兵衛は村民の食糧のため被災しなかった隣村の郷倉を自分の責任で（法令違反で打首になることもありうる）開けさせて米を村民に配ったという話があります。

また東京都大田区石川町に郷倉の実物が残っています。災害時に皆が生き延びるための重要なシステムでした。

## 避難の行政

ところで行政の対応はどうなっているのでしょうか？

地震でも水害でも、災害対策の基本には「災害対策基本法」（昭和36年11月15日法律223号）があります。

これによると、防災に係わる機関としては国、指定公共機関、都道府県、市町村に分類されます。国は指定行政機関およびその下に、指定地方行政機関があります。

たとえて言えば、指定行政機関とは国土交通省で、指定地方行政機関とは関東地方では関東地方整備局です。指定公共機関とは、日本銀行、日本赤十字社、日本放送協会その他、電気、ガス、輸送、通信などの公益的事業を営む法人で、内閣総理大臣により指定されたもののことです。それぞれに責務が定められていて、所掌事務を持ち、それを遂行するため防災会議を持ち、防災計画を作成しています。

東京都の23区の各区は市町村と同じレベルです。
指定行政機関・指定地方行政機関、指定公共機関もそれぞれ防災計画を持っています。
各市町村でも「地域防災計画」という厚い本を作っています。
この災害対策基本法の中で、「市町村」という文字をキーワードに、どのような仕事が災害時の市町村に割り当てられているか、見てみましょう。

ここまで読み進んだ読者はさぞかし、お疲れになったことでしょう。この後もまだあるのです。「市区町村長」と法律では言っていますが、実態は秘書課とか総務課が処理するでしょう。

しかし、小さな市町村で、災害が発生したという緊急時にこれだけのことを処理しようとするのは、恐らく不可能でしょう。災害が起こる度にその反省として対策を改善していくのは良いことです。この法律自身、１９５９（昭和34）年の伊勢湾台風の甚大な被害の結果できたものです。

しかし、次々と増える対策をすべて市区町村レベルで処理せよ、というのはよくないです。国は新しい法律を作れば組織と予算が増えてハッピーです。苦しい仕事は末端の市町村でやれと言うのなら、今の国家は封建時代の悪代官と同じではないですか。

大雑把に言えば、この基本法で述べられている諸事業を三つに分けて、その1は国（指定行政機関・指定地方行政機関）が、その2は都道府県が実施し、残りのその3は、住民に密着した件のみを市町村が担当すべきでしょう。それができないのなら、あらかじめ担当を決めて、発災時には国・都道府県の職員は市町村へ急行し、市町村長の指揮下に入るべきです。

市町村の仕事がわからないと言うのなら、避難所で避難者の受付でも、車椅子の手伝いでも、泣いている子どもをあやすのでも大切な仕事です。

国や都道府県の職員が、災害中その組織は忙しいと言うのなら、例えば議員さんからの電話などには自動応答にしておくべきです。国や都道府県にどんな忙しい仕事があるか、市町村長の仕事と対比して省力化すべきです。

他に水防法（昭和24年6月4日法律第193号）があります。水害を防ぐための水防団の活動を法制化したものです。ざっと眺めると「市区町村」という文字は少ないですが、「水防管理団体」という言葉が随所に出てきます。

この水防管理団体とは市区町村のことで、水防管理者とは市区町村長のことです。ですから水防法を実施するのは、市区町村です。水防法で言う「水防」とは、破堤寸前に破堤を防ぐことや氾濫して広がってくる水を村民総出で防ぐということではなく、洪水、雨水出水による浸水、高潮、津波の情報を関係機関に伝達すればいいだけです。最近の水害で水防団の活躍はほとんど報じられません。

## 避難所の運営

読者の皆さん、地元の防災訓練の折に避難所へ行ったことがありますか。避難所は多くの場合、近くの公立小中学校です。「近くの」と言っても、バス停の数でいくつも行かなければならない場合もあります。もちろん災害発生時にバスは通っていません。そんなとき、乳幼児や要介護のお年寄りはどうしますか。ようやくたどりついた避難所では次のようなことも考えられます。筆者の町内会に割り当てられた例では、収容人員は３００人に対し、町内会の推定人口は２７００人だそうです。杖をついてようやくたどりついても締め出しです。

避難所の秩序は？　避難所の管理はその学校の校長に任されています。校長は避難所という建物校舎の管理者ではあっても、災害対策基本法には何の位置づけも書かれてはいません。

防災訓練のときには消防署・消防団の方々が大勢来て、消火器の扱いや小型ポンプの操作、ＡＥＤの使い方など指導して下さるので、読者の皆さんは地元の防災訓練にぜひ参加してください。

しかし、本当の災害のときは、消防署も消防団も避難所には「来ませんよ」と公言しています。

避難所を公立の小中学校としている場合、校長に運営の責任を取らせるのは絶対によくありません。校長には本来の業務が別にありますし、校長の指揮下の教職員がすぐに参集するとも思えません。

もし、校長に避難所の運営の責任を取らせるのなら、法整備をして単身赴任でも学校付近のワンルームマンションに移れるような手当をしてあげることが必要でしょう。

さらに、国・都道府県・市町村職員を各避難所へ派遣する具体的な指名をして、校長の指揮下に入るよう命じるべきです。

これまで、大きな災害を受けた都市はメガシティではないので、校長はコミュニティの有名人でしたから、何とかなってきたのでしょう。東京や大阪のようなメガシティではそうはいきません。政府は「自助・共助・公助」とふれて歩いていますが、筆者がそれに大きな「？」を捧げるのは、この辺にあるのです。

ただし、筆者の町内会の防災訓練で、その中学校の2年生の生徒さんたちが避難用具の運搬や仮設トイレの組立てに協力してくれたときは、筆者が米軍爆撃機からの焼夷弾とそれによる火の海で、その火と闘った中学2年生のころを思い出して、涙が出るほど嬉しかったのでした。女生徒が避難して来た母親から赤ちゃんを受けとってあやすだけでも、無益な役人の十倍もの貢献です。避難所で「小さい子どもはうるさいから出ていけ」とか「ペットは癒しになるから歓迎だ」とか常軌を逸した意見をすでに述べましたが、ここでは紙面に限りがあるので、共通かつ重要な点だけ論じます。

筆者も防災訓練に参加して避難道具の運搬班を命ぜられました。早速、備蓄倉庫の教室へ急行しましたが、鍵がないから開けられない！――当たり前ですよね。法体系はビューティフルです。

しかし最近、行政も気づいたようです。避難所は、避難しに来て寝泊りするところではない、情報交換や連絡をする所だと言い出しています。「自助・共助・公助」と言い出しています。公助には大きな限界があることを隠して、共助を奨励しています。もし住民同士が助け合わなければならないのなら、法体系もきちっと決めて、予算措置もすべきだというのが筆者の言い分です。

## 避難行動には２種類ある

### ①自主避難

危険を感じたとき、住民が自主的に非難することです。避難所は開設されているかどうかわからないし、親戚のもとなどへ避難することも有効です。

### ②市町村（東京都では23区が市町村と同などである）の勧告または指示による避難

市町村は、災害対策基本法第60条により危険と判断したときは「避難準備情報」というものを発する。水害に関して言えば、豪雨で道が冠水してから避難指示を出しても遅いし、一般人にとって避難の準備に時間がかかること、および洪水について言えば、台風の接近とか事前に多くの情報が寄せられるからです。市町村長が危険と判断した時、住民に対し、出す避難勧告・指示は正式のものです。

コミュニティとしては「共助」も考えるべきです。それは乳幼児・妊婦に食料を優先的に配り、老壮年者は空腹に耐えるべきです。

ある市町村の地域防災計画を読んだところ、発災したらまず当該市町村の職員に食事をさせろ、出動はその後だと明記してある例もありました。「フザケルな」を叫びたいところですが、住民は叫ぶ手段も知らず、満腹のお役人の脇を空腹の被災者が右往左往するというのが地域防災計画が示す図です。

これでおわかりの通り、防災の大きな中心は避難です。避難は市町村が指示してくれると思いたくなるでしょう。それは事実です。しかし、その実体は淋しいものです。

昔は「水の出」、つまり水害の発生は大雨のピークから、かなり時間が経ってからでした。これは上流地域に自然林など浸透性の土地が多く、水田などがいったん雨水を溜める役割をしていたからです。例えば、茨城・千葉・両県のあたりの利根川では、大雨の翌々日、さらに次の日くらいに水位が上がってくるとのことでした。だから避難準備もゆっくりでよかったのです。タンスの中の現金を袋に入れ、貯金通帳と印鑑をまとめ、先祖代々の位牌をリュックサックに入れて……、それだけでも1時間はかかります。

ところが今は違います。上流域は水路が整備されて、浸透などしている間もなく、雨は流下し、水田には必要以上の湛水が発生しないように排水設備が整備されて、雨水は溜まる間もなく流出します。ダムが上流にできたと言っても、洪水調節容量を持たない利水ダムでは、大雨のときは定水位制御という方法を取ります（次章参照）。

これはダム域で川を短くしたのと同じで、流出は早くなります。「仏壇を閉じて」なんて言っている暇はありません。

# 第八章　洪水と共存を

## 水資源総合開発

水道栓をひねれば水は勢いよく出てきます。それを当たり前と思っていませんか？　水田や畑作には大量の灌漑用水の安定供給が必要です。少量の水で間に合った昔には、井戸で地下水を汲み上げたり、川の水を協同で使ったりすればよかったのです。しかし、香川県の満濃池（まんのういけ）の例や、徳川家康が江戸に入府して、大都市を造り始めた時にも、水をどこから持って来るのかを計画せねばなりませんでした。

それを今の言葉で水資源総合開発と言います。広義で洪水を防ぐ、つまり治水も含めて言うこともありますが、狭義で言えば、利用できる水を増すという意味で「利水」に焦点が絞られます。

水資源開発という掛け声は第二次大戦後、大きくなりましたが、弘法大師の萬濃池も江戸幕府の玉川上水も、当時としては世界に誇れる水資源開発ですし、この課題で、日本は今、海外の水に困っている人々の手助けを、手広くしています。

ここではアメリカのＴＶＡの例をあげましょう。

アメリカの東部、アパラチア山脈を流れるテネシー川の流域は、険しいというほどの山ではありませんが、大規模に農地化が進んだため、斜面の土壌の流亡が激しくなり、１９２０年ころには、農業の生産性が悪くなり、農民は生活に苦しんでいました。

第一次世界大戦後の不況下でアメリカ政府はニューデール政策を推進することとなり、テネシー川に大規模な水資源総合開発計画を立てました。それをＴＶＡ（テネシー川域開発公社）と言います。テネシー川の本川沿いにダムを造るため、その流域から立ち退いた農民には別の土地を与え、より上流に造られたダムから灌漑用水をもらって、安定した農業経営ができるようになりました。

ダムの水は灌漑と発電に使います。閘門（こうもん）を利用して、舟運（バージ）の便を図ります。洪水になれば洪水調節をします。ダムゲートを一斉に閉めることにより、洪水波を一気に止めて、下流のオハイオ川へは一滴も合流させなかったと言います。一石四鳥です。ＴＶＡ域では当時、電力が安価に家庭にも送電され、家庭用燃料はすべて電気でした。さらに、第二次世界大戦中は安い電力でアルミニウムを大量に精錬して、飛行機を大量に生産し、戦争において勝利を得たとのことです。

この手法を日本でも、ということが方々で試みられた一例が、北上川総合開発計画です。

しかし考えてみると、テネシー川とは地形・生産形態が全く違います。北上川本川は下流の岩手県、宮城県の平野部は名高い穀倉地帯ですから、テネシー川のように本川沿いにダムを造るわけにはいきません。

北上川では、支川に田瀬、湯田など複数のダムを造って、利水として発電、灌漑の用水を確保し、そのダムを操作して洪水を調節することにしました。ダム群から調節の後、放流された洪水波群が穀倉地帯でぶつかり合って水田地帯で氾濫してはいけないので、当時としては珍しかったコンピュータを使って洪水調節と難しい洪水波の不定流計算をしました。

コンピュータの利用としては国内ではもちろん、世界的にも最高レベルのものでした。

## ダムの利用法

ダムは造りさえすればよいのではなく、どのように使うかによって、どのような設備（ハードウェア）が必要かを考えねばなりません。例えば、東京都の小河内ダムは、上水道の貯水用ですから、雨水の流出を溜められるだけ溜めて、それ以上の雨水流出は安全に流し去ればよいのです。

ところが、二つ以上の機能を持たせると、その相互関係が難しく絡み合います。二つ以上の機能（目的）を持つダムを多目的ダムと言います。例えば洪水調節と発電です。洪水調節のためには常にダムの水位は下げておき、大雨のピークの流出を上手に溜めて、下流で洪水を軽減せねばなりません。大雨が降り始めても、初期の流出水をダムに溜めてはいけないのです。大雨のピークでは洪水を調節するために、洪水の初期の水は放流してしまわなければなりません。

発電の方から言えば、常にダムはいっぱいであってほしいです。水の量とともに水位が高い方が電気がたくさん発生します。

また、朝夕など、都市の活動の盛んなときに大量の電気が入用です。灌漑用水と協同の場合でも、あるいは都市用水が加わった場合でも、それぞれ、水を供給してほしいときと発電用にダムから放流する時とが一致すればよいですが、必ずうまくいくとは限りません。非灌漑期に発電放流しても、電気だけにしか役立ちません。

多目的ダムでは建設費はそれぞれが分担して容量を分け合いますが、ひどい干ばつで都市に水が送れなくなったようなときには、都市以外の水利用者が知らん顔をするわけにはいきません。

農業用水は10年に一度の渇水を想定にしていますが、それを上回る渇水の対応も考えておかねばなりません。ダム堤体には一番高いところ（クレスト）に放流水門を設ける例が多いですが、堤体の低いところにも放流設備が必要で、それは水利用が発電か、灌漑か、都市用か、洪水調節かによって相互に満足いくようにするためです。

ダムを訪れたときには「デッカイナ！」だけでなく、その辺のことも眺めてください。多目的ダムと言いながら、その機能が十分果たせない無駄ではないかと思われたこともありました。きちんとした設備をして環境と整合した利用をすれば、安い安いとウソの宣伝ばかりでいったん壊れたら恐ろしいことになった原子力発電とは比べものにならない安全性と持続性のあるダムによる水力発電の方が高く評価されるべきです。

## 洪水調節

ダムにはもう一つの重要な使命があります。「洪水調節」です。

上流の流域から流れ出した洪水は、そのままでは下流で氾濫して田畑や人家を流し、都市や産業に被害を与えます。ここで理想を言えば、その洪水を丸ごとどこかへ溜めて捨てられればいいのです。その「どこか」ですが、面積の広い大陸ならば、どこでも洪水を捨てられる土地があるかもしれませんが、それほど面積のない日本では、山間部の人口が少ない所か、沖積平野での低湿の未利用地くらいしか、そんな土地などありません。言ってみれば、前者の例は、関東の山奥の八木沢ダムや四国の早明浦（さめうら）ダムなどがそれにあたります。後者では、人口の多い関東でも群馬県の渡良瀬遊水地や神奈川県横浜の鶴見川遊水地がという例はありますがやはり少ないです。

水を溜めて「捨ててしまえ」と言いましたが、これを水資源として有効に使う

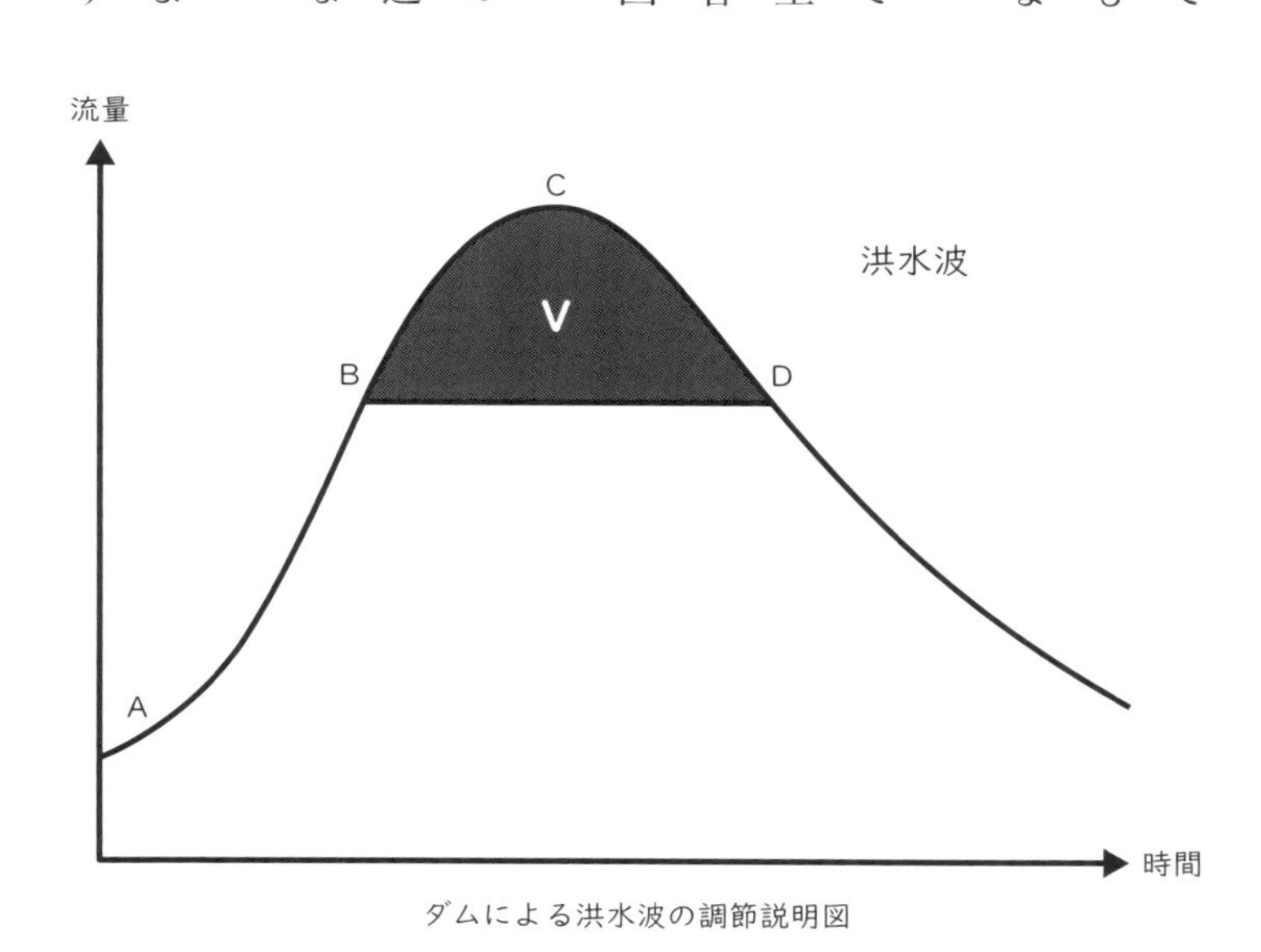


ダムによる洪水波の調節説明図

のが、多目的ダムというものであることは、すでに述べた通りです。では、先に述べたように電力などの用途には水を多く溜めておきたいし、洪水調節では大雨に備えてなるべくダムを空にしておきたいので、それらダムでは、洪水の流出状況や地形からみた溜めうる限界（貯水容量）などから制限水位を決めて、その限界以上は常時水を溜めないようにしています。洪水調節したためにたまった水は次の洪水に備えてできるだけ早く放流します。制限水位は、洪水期（夏期）は低く決めておきます。

洪水調節と一口に言いましたが、洪水のピークを低減させたいので、洪水の初期から水を溜め込むのではなく、初期（２１１ページ図のＡ）では、どんどん放流して、いよいよピークに近くなったという時（Ｂ）から溜め始めます。Ｂより前から流入流量に対してある比率で溜め始める定率放流という方法もありますが、わかりやすく言えば、Ｂから洪水調節を始め、ピークＣからＤまでを貯水池に溜めます。その体積はＶです。Ｄから先は流量が減るので、安全を確かめて溜まった水を直ちに放流します。放流は図には描いてありません。

早めに調節を始める、すなわち、Ｂを早くするということで、低いところから始めると下流の洪水は小さくなりますが、貯留水Vは大きくなり、最悪、水を溜めきれずに貯水池があふれて災害が起こります。

遅めに調節を始める、すなわちBを遅くするということで、高いところから始めると、洪水は低減できず、洪水調節効果が発揮できません。下流の河川で流せる流量（計画洪水流量）は決まっていますから、Bをどこで、始めるかは操作規則としてダムごとにあらかじめ決められてあります。千変万化の雨に規則通りの操作では効果が出なこともあるので、より効果的に、または想定外の降雨に対し臨機応変にダムを操作するのは神業といえるような情報収集と分析によって行われます。

## 水力発電

ダムが有効であるという発想は水力発電の側から起こったのです。日本で初めて水力で電気を起こしたのは、滋賀県の琵琶湖の水を京都へ引いて来て、京都の都市用水、環境用水にしようという考想の中で、琵琶湖と京都市の落差を利用して京都の蹴上において水力発電所を設け、電燈とともに路面電車を走らせようということになり、これが成功しました。1892（明治25）年のことです。自然な流れで落差を作っての発電なので、流れ込み式発電所と言います。

ダムにより落差をつける発電は、その後、土木技術が進歩してから実用化されたのです。

「川の持つエネルギーで電気を起こす」とは、すばらしい発想です。電気が現代のように何でも使われるようになる前から、電気を広く利用しようとしたことは電気に係わる技術者の先見の明と言うべきです。

発電には、水力、火力、原子力の3種類が主ですが、他に太陽光、風力、バイオマスなどがあって、今は水力発電が占める割合は小さいのですが、1935年ころは安価で、今後の発展が大いに期待され、「ホワイトコール」（白い石炭）と呼ばれていました。しかし、川を上下に分断するわけですから、河川の一要素としての魚類などの生態系を壊す恐れがあるので、配慮が必要です。

流れ込み式発電では、渇水時は流量が減って思い通りに発電できないので、低くてもダムを造って水を溜め、稼働率を上げるようにしていました。これが大きくなっていって、黒部第四ダムのような高いダムを造り、常時、水力発電が効率よくできるようになりました。

## 発電方式の種類

発電方式から見ると、はじめは水力発電が主で、火力発電（多くは石炭を燃やす）が水力発電の補充で、「水主火従」と言っていました。火力発電が液化天然ガスなどの安い燃料を大量に輸入して大型の火力発電ができるようになり、水力の方は開発できる所が少なくなると、火力を主にして、電力需要の変動分を水力でまかなうようになりました。火主水従です。

さらに「原子力発電が安い」という触れ込みでウハウハと乗って行ったところで、福島第一原子力発電所の事故となったのです。何でも作るときは喜んで取りかかりますが、廃止するときは誰もが黙っています。

水力発電所・火力発電所は廃止となれば、大型重機でガツンとやればいいのです。しかし、原子力発電所は今回の福島第一発電所のような事故がなくても、強い放射線が出たままの炉を廃止するのは容易ではありません。原子力発電には政府が莫大な税金をつぎ込んでいるのに、水力より発電コストが安いという触れ込みでした。
発電用ダムや農業用ダムなどは、水を溜めておくということで貴重な存在ですから、なるべく満水状態にしておくように操作するのは当然です。

ところが、そこへ大雨が降り、洪水が発生したらどうしますか？　一般的には定水位制御をします。つまり、上流から貯水池へ入って来たのと同じ量の水を下流へ放流するのです。そうすれば貯水池の水位は一定ですから、ダムを造ったからと言って上下流に害を及ぼすわけではありませんというのが理屈ですが、それ

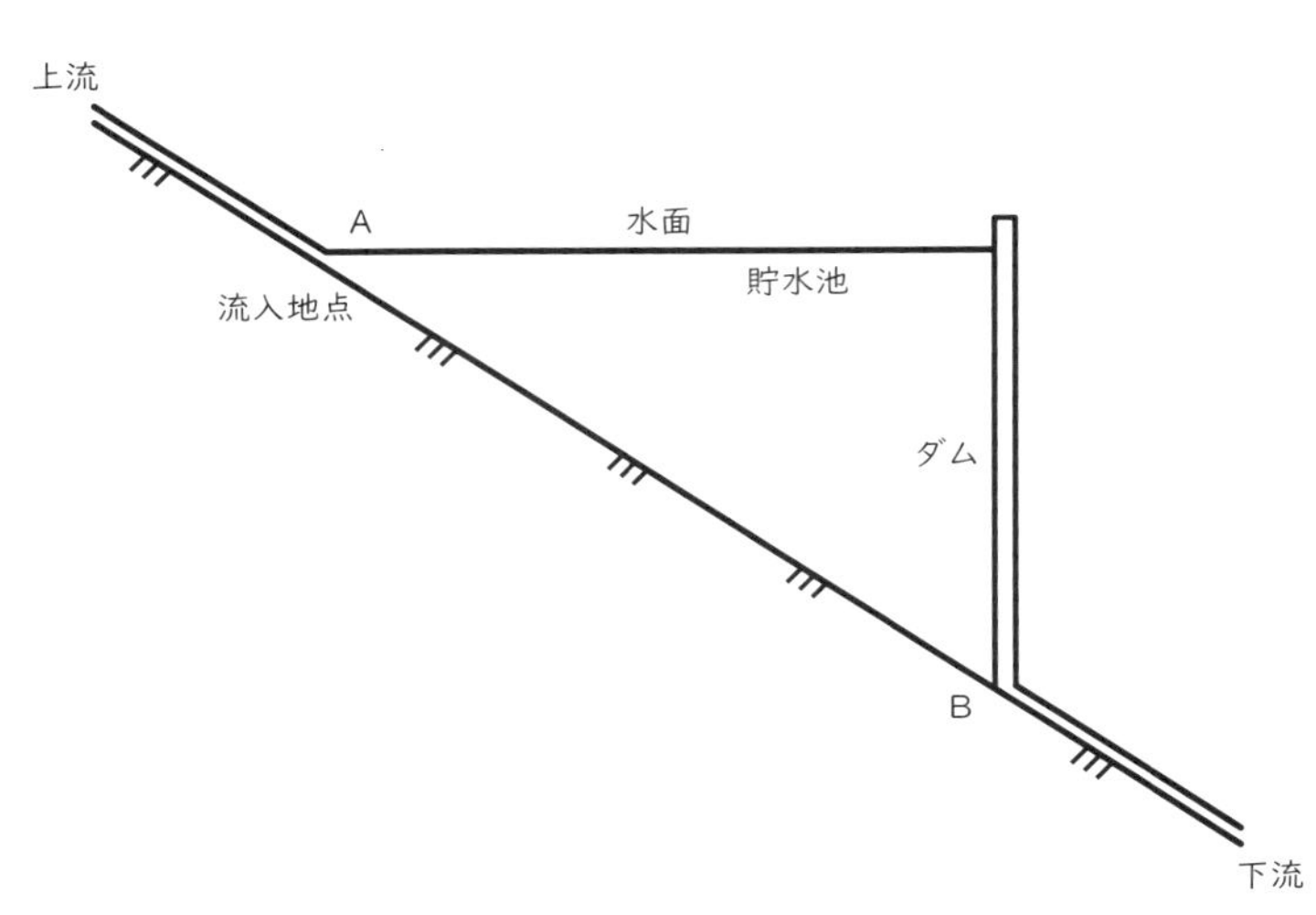


定水位制御説明図
貯水池縦断図

ではいけないのです。

　ダムなどの構造物を造ったときには、その河川の従前の機能を維持しなければならないのです。つまり、図のようにダムを造る前にはAからBへいく間の河道で、河道貯溜でいくらか洪水ピークが低減するはずです。定水位制御ならば、Aの洪水波形はそのままBにあらわれるので、この低減分だけ従前の機能が失われたことになります。ではどうするのでしょうか。

　洪水が来る前に貯水池の水を予備放流して、貯水池に空容量を造っておけば、Aで流入して来た洪水波形をこの空容量で低減させてBで放流すればよいのです。奈良県と和歌山県にまたがる新宮川の池原・風屋その他のダムでは、このような考慮でダムを運用しています。

　しかし、予備放流というのは、せっかく溜めていたダムの水を失うことになるので、何らかの保証が必要です。筆者が苦肉の策として思いついたのがレーダー雨量でした。レーダーで落ちてくる前の空中の雨滴を知っておくことは、何らかの安心になるのではないかと愚考して、レーダー雨量の観測のお手伝いをしたのでした。

## 水循環基本法

ダムは水資源開発に以上のような効用がありますが、ダムのために土地を取られる人にとっては賛成できません。アメリカのＴＶＡはすでに述べたように、そこを上手に処理したのです。

九州・筑後川の上流の松原・下筌ダムの建設反対の叫びは今も筆者の耳に残っています。だから水資源開発を総合的に実施すると言ったのです。「総合的とは何か」から考えなければなりません。

４年ほど前にできた法律に水循環基本法があります。流域の水を下水道の処理水も含めて、その循環過程を基本的に調べて持続性のある社会をつくろうというものです。水資源総合開発の基礎を見直そうというものです。

## 地下水源

水資源と言ったときに、これまで雨とか川とか地表の水ばかりを見てきましたが、地下にも宇宙にも水（正確には$H_2O$）はたくさんあります。宇宙の水は、日本の宇宙技術で、小惑星探査機「はやぶさ2」が調べている小惑星リュウグウに存在する水を手掛かりに今後の解明が期待されます。

地下の水については、おそらく旧石器時代から人類は知っていて利用していました。地層の中の液体の水と岩石の中の結晶水です。プレートテクトニクスでいうところの沈み込み帯では、海水も高圧・高温の岩石へ引きずり込まれていて、それが火山をつくるマグマの形成に役立っているようです。

雄大な水の惑星、地球のいたるところにある水を総合的に開発せねばなりません。アフリカや中近東の乾燥地帯での地下水の採取についてです。困った人たちにせめてもの飲み水を供給しようと、日本人を含む善意の人たちが水脈を探して、地下水を汲めるようにしています。

何万年も前の雨によるものかもしれない地下水を安易に汲んだときに枯渇したらどうなりますか。他人事ではありません。東京の下町、その他日本の沖積平野で地下水を大量に汲んだため恐ろしい地盤沈下を起こしたのです。平常は堤防で囲まれていて豊かな街も、地震や洪水、高潮で堤防が万一崩れれば一気に何万人かが溺死してしまいます。

なぜ、そのようなことが許されるのですか?

河川も含み沖積平野の周辺から無限に地下水が供給されたと仮定して、一つの井戸である量の地下水を汲んだとすると、その量に応じて地下水位が低下する範囲が計算で求められます。その計算で対象範囲のすぐ外ならもう一つ井戸を掘ってもよいという理論が以前にはあったようです。

地下水は安いのです。もう一つと言いましたが、範囲外なら東西南北4本も考えられますし、実際、理屈をつくれば、無限に地下水が周囲から供給される仮定で、いくらでも井戸を造れます。

## 国土を考える

東京の場合は、戦時中の軍需工場が地下水を汲むために、誰もその横暴を止められなかったようです。それらの土地は今では海面下です。そこに人が住んでいるのです。

大阪や、その他の都市でも同様のことが行われました。新潟平野などでは地下水に含まれている天然ガスを採取するため天然ガスの会社のみならず、天然ガス地帯の農家もガスを含んだ地下水を汲めるだけ汲んだため、地盤沈下を起こしました。

自然界における水循環を考えれば素人でもわかる地下水の汲みすぎで国土を荒らしたのです。

かつて東京都内でも自噴する井戸もありました。自分の敷地の中で地下水をいくら汲んでも「タダ」だという安易な理解が蔓延しています。

地下水は雨が源ということを考えれば、自分の敷地の中の浸透性地表の面積に雨量を掛けた量しか地下水を汲んではいけないのです。それ以上汲む者は隣接地で浸透した雨水を横取りしているのです。

横取りしている範囲を合理的に自らが実証した上で国土を荒らした分を補償すべきです。沈下した地盤は元に戻りません。

地下水という水資源開発に際して、もっと総合的に注意しておくべきでした。

## ――津波・高潮

かつて、日本の川の流域は緑に埋め尽くされていました。下流部の扇状地や沖積平野も湖や湿地には透き通った水が溜まり、水草も数えれば草木による緑の大地でした。「見てもいないのに偉そうなことを！」とお叱りをうけるかもしれませんが、特別な熱帯植物以外、多くの植物はよく育つということから、日本の土と水と空気（気温）は恵まれていると言えるのです。つまり、農業や内水面漁業の適地です。そこへ人が住みついて、土地を変化させました。川を堤防で囲ったり、ダムを造ったりです。そうした中でうかつであったのが、沿岸部の土地利用です。地盤沈下についてはすでに述べましたが、東京の例をみても１００年前まで海で、１００年のうちに陸化させた所が沈下したのです。

海からの水災として、津波、高潮を考えておかねばなりません。河川の洪水は大雨が降ってから始まりますから、心構えができています。津波は地震で、高潮は台風で突如起こります。日本における津波・高潮についての太平洋戦争以前の古記録には、海嘯と記されています。

### ①高潮

台風などの強い風が湾内へ吹き込み、風によって吹き送られた大量の海水が、気圧低下による吸い上げ効果（ストローで飲み物を吸い上げるように）と一緒になって海浜や河川河口付近に高い水位をもたらし、河川、海岸堤防を乗り越え、または破壊して街に重大な氾濫被害を発生させる現象です。東京湾、伊勢湾、大阪湾で顕著ですが有明海や瀬戸内海、日本海でも記録があります。風下となる浅い海湾ほど被害が大きいです。

１９５９（昭和３４）年の台風15号（伊勢湾台風）により名古屋などを含む伊勢湾沿岸で５０００人の方々が亡くなった高潮は、今なお耳目に新しいものです。１９１７（大正６）年10月1日には、東京でも大高潮災害がありました。

## ②津波

沖で魚を獲っていた漁師が、沖では波立ち方がわずかなので、それと気づかず、津（母港）へ帰ったら、大波で町が全滅していたという悲劇から出た呼び名が「津波」です。海底断層、海底地すべり、海底噴火などにより海底から水面までの海水が一気に動きます。だから沖では波立ちが小さくても水深が深ければ大きなエネルギーを持つわけで、V字型の湾の奥に伝播してくると、その大きいエネルギーが集中し、極めて高い波になります。押してくる波も恐ろしいですが、その直後は海面が低下しますので、引きの波で水をかぶった生存者を沖へ引きずり込み、多数の行方不明者を出します。

津波の伝播速度は、９・８×水深（メートル）×１／２乗という計算式で求められます

（9・8は引力です）。太平洋の水深が3000メートルとして、津波の伝播速度は、171・46メートル／秒となり、日本からみて地球の反対側のチリで発生した津波は1日と8時間で日本に到達することになります。日本近海のトラフで発生した津波ならジェット機並みの秒速で日本へ押し寄せてきます。

2011年3月11日の東北地方の津波は、深刻な悲劇として忘れられることはありません。今後の東海地震で予見される津波には用心しましょう。

津波・高潮はともに海の波で、河口付近、あるいは河川を遡上して大災害を起こします。さらに普通の表面波（海水浴やサーフィンでよくみられる波）との違いをまとめて示します。

表面波は海面の表面だけの波で、岸近くではまったく崩れてしまいます。

津波は、全水深で動くので、表面の波は小さくてもエネルギーは大きく、岸ではエネルギーが集中し、水位は高まります。

高潮は強風の吹き寄せで、岸で水位が高まるとともに気圧低下による吸い上げが加わり、水位が高まります。

**災害を起こす海の波**

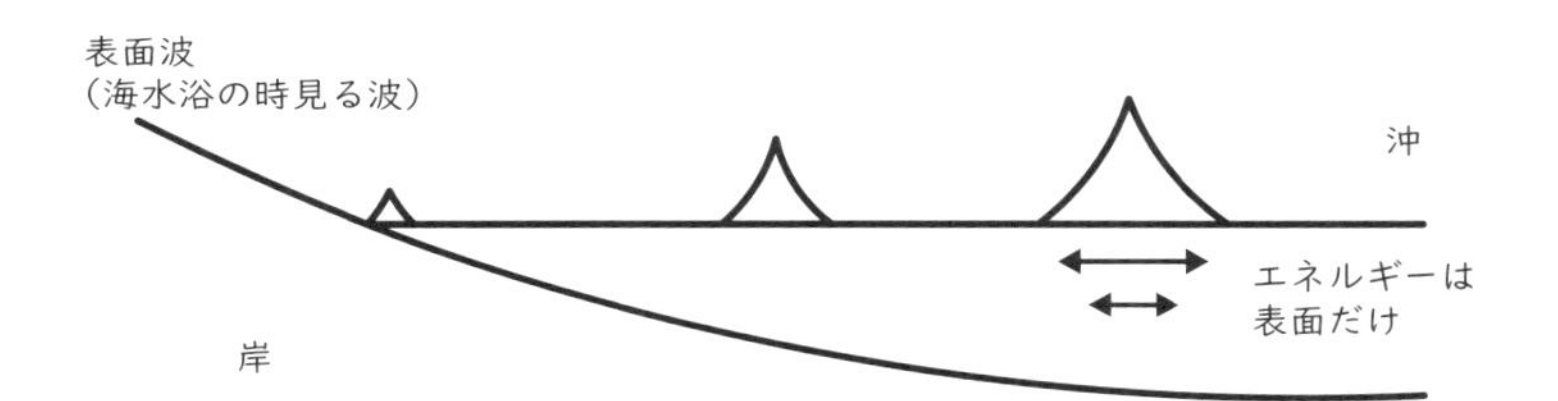
表面波
（海水浴の時見る波）
沖
エネルギーは
表面だけ
岸

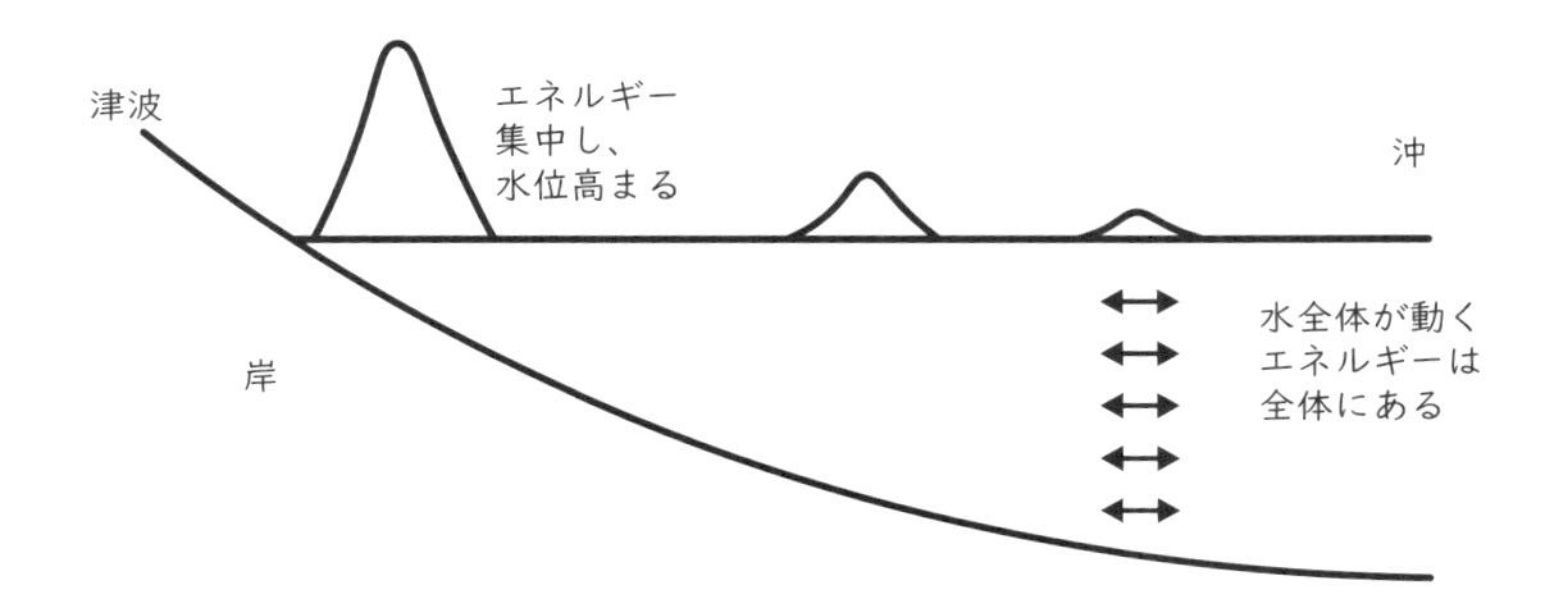
津波
エネルギー
集中し、
水位高まる
沖
水全体が動く
エネルギーは
全体にある
岸

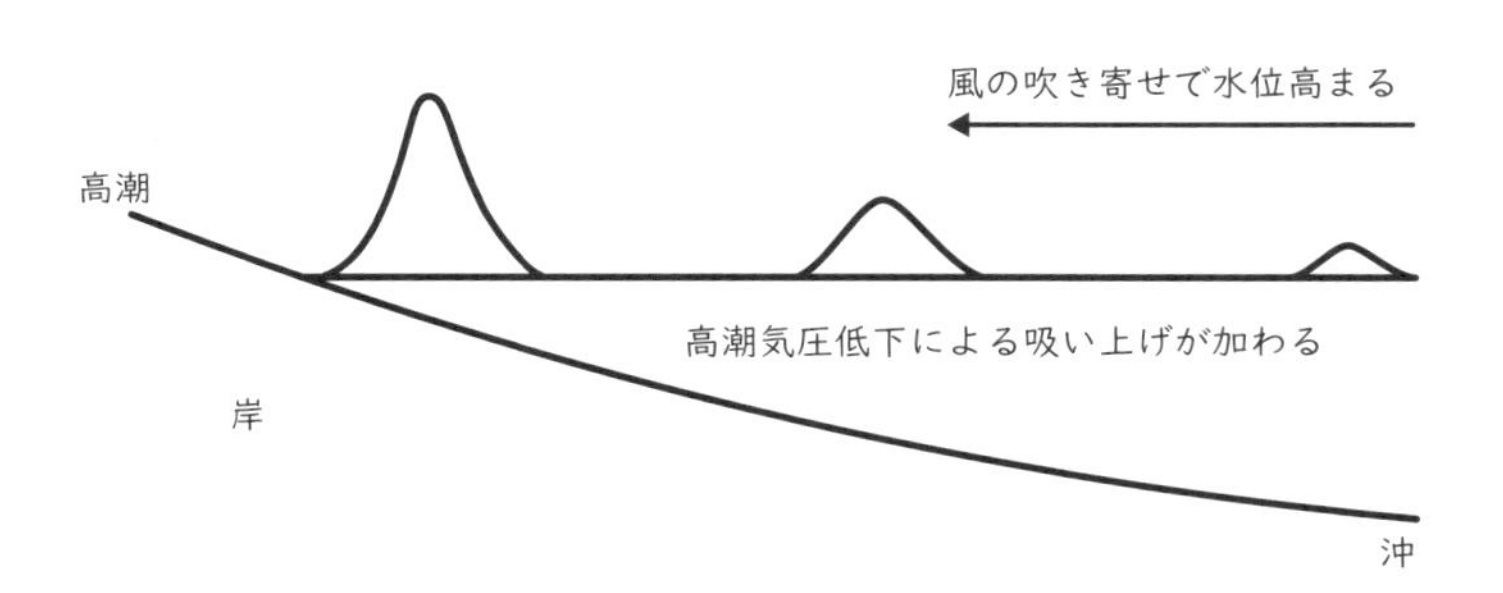
風の吹き寄せで水位高まる
高潮
高潮気圧低下による吸い上げが加わる
岸
沖

# おわりに――美しい川よ永遠に

緑したたる山々と水害。日本の風土を単的に表しています。人類がこれほどまで広がる前は、地球の表面の多くは植物に覆われていたでしょう。

シベリアの広大な森林やアマゾン川の流域は、今でも密林に覆われています。そこで人類は発展して来たわけですが、熱帯雨林は別にして、他の地域で人類が生活を始めると、暖房と料理とのため、木を燃やします。ヨーロッパでもアメリカでもです。アメリカ大統領のテレビ談話の背景には薪（ただし火がついていない）をくべた暖炉が現れます。

かつて、文明を誇ったエジプトでもメソポタミアでも中国の黄土高原でも、人が木を切りすぎたためハゲ山となり、砂漠のような景観になったと言われています。「切りすぎ」とは木の成長速度と比較しての話で、熱帯雨林では雨が多く、木の成長が速いから今でもジャングルなのでしょう。イギリスなどは木がなくなって、石炭を採掘し、これが成功して産業革命へ発展したようです。

日本でも縄文時代、土器を焼くために木は切ったでしょうが規模も小さかったのが、弥生・古墳と時代が経つにつれ、木の伐採量は増え、奈良時代に大佛を鋳造するため、特に奈良付近の木を大量に利用したようです。そのため山が荒れ、雨水がすぐに河川へ流出してくることになり、洪水が起きやすくなったのでしょう。京都府の側の木津川からも木材を奈良へ運んだと言われていますから、川も相当利用されたわけです。

すると、自然の状態とちがう出水の形態になります。日本ではそれでも山の緑はあまり変わらないから、安心して川を利用しようとします。

日本には氷河は、山頂以外にはなかったと考えられていますので、北ヨーロッパなどのように浅い土壌ではありません。しかも火山が多いので、噴出岩として多孔質の岩石が広く分布し、雨も多く風化も速いので、植物もよく育ちます。

植物は枯死して有機質の土壌をつくり、洪水の度に、それは流され平野部にまきちらされて、肥沃な平野が日本の各地にできました。放っておけば1年もしないうちにそこには草が生え、３年もしないうちに樹木の幼木が根づきます。

しかし、そこは洪水でできた土地ですから、常に洪水に注意しなければなりません。もちろん、人が住みつけば、堤防で土地を守りますが、それは何年に一度というようなスケールのものです。

地球環境の変化、火山・地震・地盤変動などの将来において川はどうなるのか、緑豊かな環境を維持するにはどうすればよいかを皆で考えて行こうではありませんか。

今、世界で盛んに持続性のある社会を目指す運動が進んでいます。日本の美しい山や川は、急な経済の発展を望まなければ容易に持続性のある社会をつくれる環境です。洪水、津波などがあるではないかと問われますが、現象を理解して、住み方、災害対応を皆で工夫すれば、今よりもずっと災害を減らすことができます。

緑豊かな土地は、高い食糧の生産性を示しています。農薬や狩猟を減らしたら山には野生動物が増えたということです。それによる獣害は困りものですが、基本的には美しい川に彩られた日本は「生きやすい」ところなのです。

余計な軍備で「国防だ、国防だ」と言うより、食料の自給自足は最大の国防で、それが可能な環境です。洪水なども多いですが、少なくとも人命を守るという立場に立って対策を考えれば、野も山も洪水などがつくってくれたすばらしい自然の贈り物です。

私たちは、この山や川に感謝して、これを後世に伝えるように心がけようではありませんか。

## 木下武雄（きのした・たけお）

1931年東京生まれ。1953年に東京大学理学部地球物理学科卒業後、大学院を修了し、建設省（現国土交通省）土木研究所に勤務。
1955年、鬼怒川の洪水についての非線型偏微分方程式で洪水追跡法の開発。1965年、信濃川大河津分水の第二床固めの水理実験により新潟平野の安定化。1967年、台風26号による雨量をレーダー画像より分析し、山梨県足和田村の山地崩壊を解明。1969年、フィリピン・パンパンガ川の洪水予報設立のため日本政府より派遣され予報システムを作成。1990年、国連の防災十年プロジェクトの科学技術委員会委員に任命された。同年、科学技術庁防災科学技術研究所総括地球科学技術研究官に。1992年に定年退職後、株式会社水文環境代表取締役に。

94ページ、98ページ、159ページ、162ページ、に掲載した地図は国土地理院発行の25000分1地形図を使用したものです。

96ページに掲載した地図は国土地理院発行の5万分1地形図を使用したものです。

124ページに掲載した土地条件図は国土地理院が発行したものを使用したものです。

ブックデザイン／中西啓一
図表・ＤＴＰ／横内俊彦・大口太郎
校正／池田研一

# 美しい日本の川と防災

2019年7月26日　初版発行

著　者　木下武雄
発行者　野村直克
発行所　総合法令出版株式会社
〒103-0001 東京都中央区日本橋小伝馬町15-18
ユニゾ小伝馬町ビル9階
電話　03-5623-5121
印刷・製本　中央精版印刷株式会社

落丁・乱丁本はお取替えいたします。

ISBN 978-4-86280-680-2
総合法令出版ホームページ　http://www.horei.com/